Jean-Claude Heudin

Les robots dans Star Wars

En couverture : les droïdes *C-3PO*, *R2-D2*, *BB-8*
© & ™ Lucasfilm Ltd. Tous droits réservés.

© Science-eBook, Novembre 2015
http://www.science-ebook.com
ISBN 979-10-91245-64-7

INFORMATION

Ce livre est un ouvrage non-officiel à but informationnel et éducatif. Science eBook ainsi que son auteur ne sont en aucun cas liés à Lucasfilm Ltd., Walt Disney, ou Twentieth Century Fox. Le site officiel Star Wars peut être consulté à l'adresse :

www.starwars.com

Tous les avis émis dans ce livre sont ceux de l'auteur et non d'une quelconque tierce partie. Toutes les images utilisées dans ce livre proviennent des médias de communication et de publicité disponibles et retouchées par l'auteur de manière à illustrer ses propos.

Lucasfilm, le logo Star Wars et tous les personnages, noms et autres concepts liés aux films Star Wars sont des marques déposées et propriétés de Lucasfilm Ltd. Tous droits réservés. Toutes les autres marques, tous les produits ou services cités sont la propriété de leur ayants droits respectifs.

FAIR USE NOTICE

This book contains copyrighted material the use of which has not always been specifically authorized by the copyright owner. It is believed that this constitutes a "fair use" of any such copyrighted material as provided for in section 107 of the US Copyright Law. The material in this book is provided for educational and informational purposes only.

Table

Lorsque l'homme crée des machines avec des quasi-personnalités, il ne réalise jamais ce que cela implique, réellement.

Obi - Wan Kenobi
(Épisode II)

Ah ! nous sommes faits pour souffrir…

C-3PO
(Épisode IV)

Weeeep bip !

R2-D2
(Épisode IV)

Introduction

Depuis le premier film en 1977, *Star Wars* est devenue l'une des plus grandes sagas de l'histoire du cinéma (Hearn 2005). Cette histoire, pourtant classique de conflit entre le bien et le mal, représente le mythe universel moderne, supplantant tous les autres, des plus antiques aux plus récents, au moins du point de vue de sa diffusion culturelle et populaire (Siejka 2015).

Lorsque l'on parle de science-fiction, la trilogie initiale – les épisodes IV, V et VI –, puis la prélogie les épisodes I, II et III –, ont créé un univers soutenu par une communauté de fans sans précédent, sauf peut être celle de *Star Trek*. Les « mondes étendus » constitués par les très nombreux romans, bandes dessinées, séries et jeux vidéo, entre autres, ont contribué à la richesse et à la complexité de l'univers. Initialement qualifié de « space-opera », *Star Wars* a largement contribué à créer un nouveau genre : le « space-fantasy », bâti sur une intrigue se passant en partie dans l'espace et la présence d'un parcours initiatique influencé par les contes, la mythologie et la Fantasy elle-même. Après son rachat par Disney en 2012 pour plus de quatre milliards de dollars, le groupe américain compte bien rentabiliser son investissement en valorisant la licence par une nouvelle trilogie, plusieurs longs métrages *spin-off*, et une avalanche de produits dérivés, livres, jeux et jouets, quitte à risquer l'overdose.

Dans le même temps, la robotique est devenue un véritable enjeu sociétal (Heudin 2013a). Auparavant limitée aux domaines de la recherche, elle est aujourd'hui présente dans un nombre croissant de secteurs : industriel, militaire, spatial, santé, agriculture, etc. Les robots ont fait également une entrée remarquée dans l'univers domestique et professionnel : divertissement, aide à la personne, surveillance, entretien, etc.

Outre cette croissance économique, la science et la technologie permettent aujourd'hui d'envisager des progrès spectaculaires dans les années futures. Enfin, cette révolution robotique, cette « robolution » (Bonnel 2010), a initié de nombreux chantiers de réflexions philosophiques, déontologiques, éthiques (Heudin 2013b) et juridiques (Palmerini 2014) afin de se préparer à un monde où les robots seraient beaucoup plus présents dans la société.

C'est ce contexte particulier qui est à l'origine de cet ouvrage. En effet, il m'a semblé intéressant de confronter ces deux tendances fortes pour aborder la robotique sous un angle original. Il ne s'agit pas simplement d'analyser la vraisemblance des robots dans l'univers *Star Wars*, mais aussi de mettre en perspective la robotique en s'appuyant sur le phénomène culturel et social que représente la guerre des étoiles. Ainsi, en filigrane, nous retrouverons bon nombre des questions que soulève le développement des robots dans notre société.

Mais que le fan se rassure. Cette confrontation du réel et de l'imaginaire ne s'est pas donnée pour but de montrer que les robots de la saga ne sont pas crédibles compte tenu de nos connaissances. Au contraire, l'imaginaire robotique de la science-fiction a toujours contribué et participe encore au développement de la recherche dans ce domaine. Entre la science-fiction et la science, aucune ne précède l'autre, aucune ne prétend phagocyter l'autre. Elles se fertilisent mutuellement.

Pour autant, il ne faut pas les confondre. La science est encore très loin de permettre certains prodiges que met en scène la science-fiction. Parfois même, celle-ci prend des libertés avec les lois physiques, résultant en applications impossibles à mettre en œuvre, en tout cas à la vue de nos connaissances actuelles. La réalité des laboratoires est bien plus laborieuse, et la robotique n'échappe pas à cette règle.

Dans l'univers *Star Wars*, on retrouve toutes les formes possibles, ou presque, de créatures artificielles (Heudin 2009a). Mais elles ont toutes les caractéristiques d'être incarnées et situées. En d'autres termes, elles ne sont jamais totalement virtuelles. Elles ont toujours un corps qui les ancre dans la réalité physique, dans un espace-temps parfaitement défini. Outre les robots qui représentent le sujet de cet ouvrage, on y trouve en effet également des cyborgs, des clones et des avatars. Attardons-nous quelques instants sur ces créatures.

Les cyborgs sont des créatures hybrides, mi-organiques, mi-machines (Heudin 2009b). Le terme est une contraction de l'expression « organisme cybernétique », la cybernétique étant un domaine de la recherche formalisé par Norbert Wiener en 1948

(Wiener 2014). Le concept a été popularisé par Manfred Clynes et Nathan Kline en 1960 à propos d'un humain « augmenté/amélioré » qui pourrait survivre dans des environnements extraterrestres à l'heure des débuts de l'exploration spatiale (Clynes 1960). Il a connu ensuite un développement dans la culture populaire avec la science-fiction « cyberpunk » à partir des années 1975. Dans *Star Wars*, le cyborg iconique est l'incontournable *Darth Vader*, devenu mi-homme mi-machine après son passage du côté obscur de la force. Un autre exemple de cyborg dans la prélogie est le général *Grievous*, doté, entre autres, de quatre bras mécatroniques. L'un comme l'autre sont des créatures du côté obscur, ce qui insinue l'idée que l'hybridation est une perversion liée au mal.

Un clone est l'ensemble des individus qui partagent le même patrimoine génétique. Il existe des clones naturels, comme les vrais jumeaux. Par conséquent, la notion de clone ne signifie pas que les individus obtenus soient nécessairement des créatures artificielles (Heudin 2009c). Toutefois, on utilise couramment ce terme pour qualifier la reproduction à l'identique d'une créature par un processus de clonage reproductif avec ou sans modification du génome. Les clones sont omniprésents dans la saga puisque l'armée de la république, devenue ensuite celle de l'empire est, pour l'essentiel, constituée de clones produits en série par les cloneurs de *Kamino* à partir du chasseur de prime *Jango Fett*. Son code génétique a été manipulé pour les faire grandir deux fois plus vite qu'un humain normal, pour les rendre aussi plus fidèles et dociles. Même s'ils sont créés artificiellement, ce ne sont donc pas des robots mais des êtres organiques.

Un avatar est l'incarnation matérielle ou virtuelle d'un

utilisateur distant. Cette notion a été popularisée par l'utilisation des personnages virtuels en particulier dans les jeux vidéo et les mondes virtuels (Heudin 2009d). Le terme provient à l'origine du sanskrit *avatara* qui signifie « descente, incarnation divine ». On trouve dans *Star Wars* l'utilisation fréquente d'un avatar de communication, sorte de projection holographique d'un individu qui souhaite s'adresser à d'autres lorsqu'il est situé sur une autre planète ou dans un vaisseau spatial.

Comme nous l'avons évoqué précédemment, nous nous focalisons dans cet ouvrage sur les robots au sens classique du terme, c'est-à-dire les créatures mécatroniques autonomes qui ont été créés par les humains pour les aider dans leurs tâches quotidiennes (Heudin 2009e).

Dans l'univers de *Star Wars*, ils sont appelés « droïdes », un diminutif du terme « androïde » souvent utilisé comme synonyme de robot humanoïde. Pourtant, dans de nombreux cas, les droïdes de la guerre des étoiles ne sont pas des robots à forme humaine.

Dans leur très grande majorité, ils ne font pas peur. Ils sont loin des monstres terrifiants à la *Terminator*. Ils ont gardé ce petit côté nostalgique et désuet de la robotique imaginée dans les années soixante-dix : des robots aux formes utilitaires, un peu patauds et, par conséquent, souvent comiques. Pourtant, nous verrons qu'ils sont en fait plus réalistes que les monstres mécatroniques des autres longs métrages.

Le plus célèbre exemple est *R2-D2* dont la forme est plus proche d'un simple cylindre doté de trois pieds que d'un humanoïde. Nous reviendrons en détail sur ce robot plus loin. Notons au passage que George Lucas a déposé le terme « droïd » afin de le protéger contre toute utilisation abusive. Le terme de robot n'est, quant à lui, utilisé qu'une seule fois pour désigner *R2-D2* et *C-3PO* dans l'épisode IV, *Un nouvel espoir.*

Dans un premier temps, nous allons étudier les trois robots les plus connus de la saga : les mythiques *R2-D2* et *C-3PO*, puis *BB-8*, le dernier né introduit dans l'épisode VII, *Le réveil de la force,* et pourtant déjà une célébrité internationale (chapitres 1à 3).

Dans un second temps, nous proposerons une classification des droïdes en donnant pour chaque type, un ou plusieurs exemples ainsi qu'une ou plusieurs références à des robots réellement existants (chapitre 4).

Dans un troisième temps, nous nous intéresserons de plus près à l'intelligence artificielle (IA) des droïdes, à sa représentation et sa place dans la saga (chapitre 5).

Enfin, pour terminer, nous essayerons de comprendre pourquoi les droïdes de *Star Wars* ne font pas peur, contrairement à la plupart des robots dans l'histoire des créatures artificielles (chapitre 6).

Nous limiterons volontairement notre étude aux robots présents dans les trilogies cinématographiques. D'une part, vouloir prétendre à l'exhaustivité en incluant les « mondes étendus » transformerait cet ouvrage en une véritable encyclopédie, ce qui n'est pas son objectif. D'autant que plusieurs sites proposent déjà cette approche (Wikia 2015). D'autre part, les robots des trilogies sont tout à fait représentatifs des créatures robotiques de l'univers *Star Wars* dans son ensemble.

En fin d'ouvrage, le lecteur souhaitant poursuivre son voyage au pays des robots trouvera une bibliographie contenant les principales références des livres, articles et sites internet qui ont servi à l'écriture de ce livre, ainsi qu'un lexique des termes utilisés.

Mais à tout seigneur, tout honneur. Commençons notre analyse par le véritable héros robotique de la saga : *R2-D2*.

Que la force soit avec vous !

1

R2-D2

Le plus populaire

Qui n'aime pas *R2-D2* ? Il est certainement le robot le plus connu et le plus aimé de la galaxie. Il faut dire qu'il représente l'un des principaux héros de la saga, toujours aux côtés des forces du bien et de la liberté. À plusieurs reprises, c'est grâce à lui que les autres protagonistes, en particulier *Anakin* et *Luke Skywalker*, *Obi-Wan Kenobi*, se sortent de situations périlleuses. D'une certaine manière, il rappelle les serviteurs zélés des héros, comme Bernardo avec *Zorro*, Alfred avec *Batman*, etc. Il joue un rôle majeur durant la rébellion en transportant les plans de la première étoile noire. Il apparaît d'emblée comme un personnage important dès les premières images du premier film, l'épisode IV, *Un nouvel espoir*, et du premier opus de la prélogie, l'épisode I, *La menace fantôme*. Dans ces deux exemples, il est intimement lié à l'intrigue et à la filiation de *Padmé*, la reine *Amidala* sur *Naboo*, et la princesse *Leia*, sa fille.

R2-D2 est un droïde « astromech » de la série R2, c'est-à-dire un robot multifonction élaboré pour assister un pilote de vaisseau spatial. Une de ses particularités les plus appréciables est que sa taille et sa morphologie lui permet de s'ajuster parfaitement dans la « douille » des chasseurs stellaires militaires, en particulier les fameux modèles *X-Wing*. Une fois connectée à un chasseur, il peut surveiller l'exécution du vol, régler des problèmes techniques et moduler la puissance des systèmes de bord du navire. Il est, en quelque sorte, à la fois le mécanicien embarqué et le copilote.

R2-D2 est d'une taille relativement restreinte car il ne mesure que quatre-vingt seize centimètres de haut. Il est essentiellement composé d'un cylindre d'apparence blanche avec une « tête » constituée par un dôme pivotant sur 360 degrés gris métallisé. De plus, des cadrans bleu vif ornent sa tête et quelques parties de son corps, ce qui permet de le différencier au premier coup d'œil par rapport à d'autres robots de la même catégorie. Sa forme générale est plus proche d'un aspirateur industriel que d'un humanoïde, ce qui souligne son côté utilitaire. Il se déplace en général grâce à deux pieds latéraux, avec un troisième au niveau médian qu'il peut rétracter. Il possède un nombre incroyable d'outils et gadgets intégrés et, de ce fait, il a souvent été comparé à une sorte de couteau suisse. Son équipement standard inclut deux bras manipulateurs, un arc à souder électrique, une scie circulaire, un projecteur holographique, une soute interne et un extincteur. En outre, ses propriétaires successifs ont ajouté d'autres fonctionnalités spécifiques.

Le petit droïde ne s'exprime pas avec un langage verbalisé, comme son ami *C-3PO*, mais grâce à des séquences sonores électroniques ressemblant à des sifflements ou des gazouillis d'oiseaux.

Figure 1. *R2-D2*, le droïde le plus connu et le plus aimé de la saga *Star Wars*.

Origines

Lors de la conception du premier scénario, George Lucas imagina les robots *R2-D2* et *C-3PO* comme un duo comique inspiré par le film japonais *La forteresse cachée* (the hidden fortress) réalisé par Akira Kurosawa, sorti en 1958 au Japon et en 1962 aux États-Unis. En particulier, les deux compères robotiques sont proches des personnages *Tahei* et *Matashichi* qui assistent le général *Rokurota Makabe*, joué par le célèbre acteur

Toshiro Mifune, pour sauver la princesse *Yukihime*. La seconde source d'inspiration provient des robots *Huey*, *Dewey*, et *Louie* dans le film *Silent Running* de Douglas Trumbull sortie en 1972.

Figure 2. Le modèle de robot dans le film *Silent Running* de Douglas Trumble.

Le nom *R2-D2* (prononcé « Artoo-Deetoo » en anglais) proviendrait d'une expression utilisée par un ingénieur du son dans le film précédent réalisé par George Lucas : *American Graffiti*. Ainsi, *R2-D2* serait l'abréviation de « Reel 2 – Dialog 2 » qui veut dire « bobine 2 – dialogue 2 ». Lucas, qui était dans la pièce à ce moment en train de se reposer, alors qu'il travaillait sur le scénario de *Star Wars*, se serait réveillé et, après une courte discussion, aurait déclaré que c'était un nom excellent, juste avant de se rendormir immédiatement.

Le concept du robot a été dessiné par Ralph Angus McQuarrie (1929-2012), un designer et illustrateur qui, outre *Star Wars*, travailla également sur la série originale

Battlestar Galactica, les films *E.T.* et *Cocoon* pour lequel il reçu un *Academy Award*. Pour la trilogie, il fut également l'auteur des concepts graphiques de *C-3PO*, *Darth Vader* et *Chewbacca*, entre autres.

Figure 3. Deux des croquis préparatoires dessinés par Ralph Angus McQuarrie pour le design de *R2-D2*. On remarquera la similitude du premier concept avec l'un des premiers robots de l'histoire : « *The Beast* » élaboré dans les années 1960 à l'Université Johns Hopkins.

La « voix » de *R2-D2* a été créée par le designer sonore Ben Burtt, à l'aide d'un synthétiseur analogique ARP 2600. D'un point de vue technique, le robot fut développé par le spécialiste anglais des effets spéciaux John Stears, plusieurs fois récompensé par des *Academy Awards*. Il réalisa également la célèbre Aston Martin de *James Bond*, *C-3PO*, le *Landspeeder* de Luke *Skywalker* et les premiers sabres laser des chevaliers *Jedi*. Mais celui qui construisit *R2-D2* en pratique fut le spécialiste des effets spéciaux Tony Dyson, aux multiples nominations aux *Emmy Awards*.

Figure 4. L'évolution du design de *R2-D2* est visible dans ces dessins préparatoires de Ralph Angus McQuarrie.

Dans les trilogies, *R2-D2* fut majoritairement contrôlé de l'intérieur par l'acteur de petite taille Kenny Baker, ce qui n'est pas sans évoquer la mystification du célèbre automate joueur d'échecs du baron Johann Wolfgang von Kempelen (1734-1804) en 1769 (Heudin 2008). Pour d'autres séquences, des versions radio-contrôlées ou totalement réalisées en images de synthèse furent également utilisées.

Malin et multifonction

Contrairement à la majorité des droïdes, *R2-D2* semble avoir une intelligence artificielle très développée. Il ne possède cependant pas la maîtrise d'un langage articulé, comme *C-3PO* par exemple. Il s'exprime par des sifflements et des bips électroniques caractéristiques qui traduisent ses émotions. Cependant, à de nombreuses reprises, il est capable d'exprimer des idées ou des concepts plus complexcs. Dans ces cas de figure, *C-3PO* lui sert d'interprète. Dans d'autres scènes, *Luke* et *Anakin* lui répondent d'une manière suggérant qu'ils le comprennent parfaitement.

Une explication souvent proposée pour justifier cette intelligence artificielle hors norme, est qu'il aurait toujours su éviter les effacements réguliers de mémoire auxquels sont habituellement soumis les droïdes. De ce fait, il aurait développé une personnalité propre et une grande débrouillardise.

R2-D2 est une créature courageuse et loyale, avec un certain entêtement lorsqu'il a décidé quelque chose. Il peut alors ignorer certains ordres ou bien les interpréter à sa convenance pour arriver à ses fins. Lors de nombreuses missions, il prouve qu'il est rusé, et qu'il peut se débrouiller tout seul.

De par sa forme simple, petite et plutôt ronde, son langage sonore non verbal, sa couleur blanche, il attire naturellement la sympathie. Au premier regard, on voit que ce n'est pas une créature dangereuse ou même belliqueuse. Grâce à quelques mimiques corporelles, ponctuées de sifflements, la couleur du voyant sur le dôme, il exprime des émotions simples comme la joie, la tristesse, la peur, etc. Dans un article récent, une équipe de chercheurs a étudié les sons émis par *R2-D2*.

Elle a montré que seulement cinq sonorités pour l'intention et deux pour l'émotion, en jouant sur leurs intonations, fréquence et timbre, étaient suffisantes pour exprimer les principales émotions (Eun-Sook 2010).

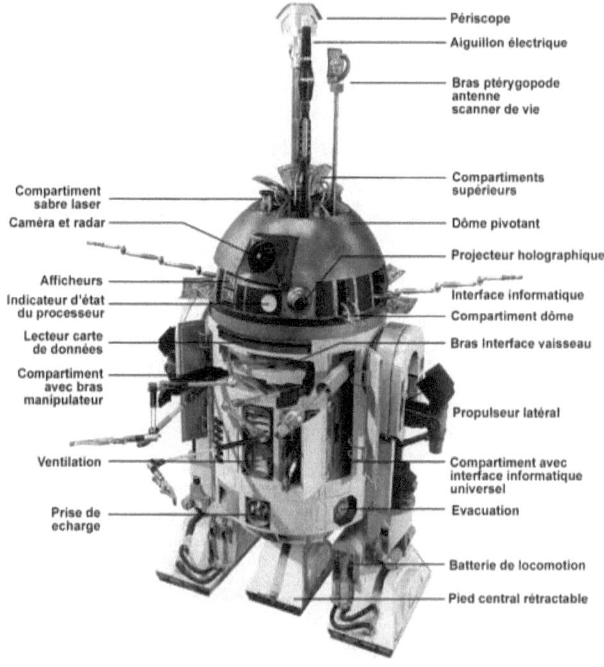

Figure 5. Quelques fonctions parmi les innombrables outils dont semble disposer *R2-D2*.

Le spectateur peut alors projeter sur cette créature artificielle amicale tout l'imaginaire d'un robot doué d'intelligence et de conscience. Nous reviendrons sur l'intelligence du petit droïde et sa personnalité dans le chapitre dédié à l'intelligence artificielle.

Au niveau de la locomotion, *R2-D2* ne marche pas,

mais roule grâce à deux pieds motorisés et un troisième rétractable. Rouler sur trois pieds munis de roulettes est bien évidemment beaucoup plus simple que de faire marcher un bipède comme un humain. Cette caractéristique rend ce robot réalisable du point de vu mécatronique, si l'on met toutefois de côté les propulseurs latéraux. D'ailleurs plusieurs fans ont entrepris de le créer « pour de vrai » *R2-D2*, comme par exemple Chris dont le développement de son projet est visible sur son blog (Chris 2015).

Toutefois, la liste des fonctions du « petit » droïde reste impressionnante. On découvre en effet au cours des épisodes l'étendue de ses capacités (Wikipedia 2015a).

Dans l'épisode I : il remet en route l'hyperpropulseur du vaisseau de la reine au cours d'un combat ; il utilise son projecteur holographique pour montrer le vaisseau de la reine.

Dans l'épisode II : il peut voler sur une courte distance grâce à de petits réacteurs intégrés ; il treuille avec un câble intégré les différentes parties de *C-3PO* ; grâce à une clé, il libère *Padmé* d'une cuve de métal fondu.

Dans l'épisode III : il détruit un « vibrodroïde » qui tente de saboter le vaisseau d'*Anakin Skywalker* à l'aide de décharges électriques ; il utilise un dégazage d'huile de vidange et un chalumeau pour combattre des droïdes.

Dans l'épisode IV : il utilise son projecteur holographique pour délivrer un message de la princesse *Leia* à *Obi-Wan*. ; il déverrouille des sas grâce à son bras informatique télescopique ; il éteint un début d'incendie à bord du *Faucon Millenium* à l'aide d'un extincteur intégré ; il règle la puissance des moteurs du *X-Wing* de

Luke Skywalker dans une tranchée de l'*Étoile Noire*.

Dans l'épisode V : il crache de la fumée, il se déplace au fond des mares et utilise un périscope ; il répare l'hyperpropulsion du *Faucon Millenium*.

Dans l'épisode VI : il utilise une scie circulaire pour se libérer du piège des *Ewoks* ; il envoie à plusieurs reprises des décharges électriques ; il envoie à *Luke* son sabre laser ; il essaye de déverrouiller la porte d'un bunker.

The Beast

R2-D2 rappelle plusieurs robots ayant réellement été conçus au travers de leur morphologie ou de certaines de leurs caractéristiques. Le plus ancien est l'un des tout premiers robots à avoir été développé. Il est probable d'ailleurs, qu'il ait influencé directement ou indirectement son design.

Figure 6. La seconde version (Mod II) du robot « *The Beast* » construit à l'Université Johns Hopkins aux États-Unis en 1962.

Il s'agit de « la bête » (*The Beast*), un robot mobile autonome construit dans les années 1960 au laboratoire de physique appliquée de l'Université Johns Hopkins aux États-Unis. La machine avait une intelligence rudimentaire. Elle avait essentiellement la capacité d'errer dans les salles blanches du laboratoire puis, lorsqu'elle avait besoin de recharger ses batteries, elle se mettait à longer les murs jusqu'à ce qu'elle trouve une prise murale noire. Alors, un bras télescopique similaire à celui de *R2-D2* se branchait sur la prise. La ressemblance est renforcée du fait que le robot avait une forme cylindrique et une taille comparable à celle du droïde de la guerre des étoiles.

Le robot reposait sur une approche cybernétique (Wiener 2014) sans un véritable ordinateur embarqué, mais avec un réseau de transistors contrôlant des niveaux analogiques. Des cellules photoélectriques et un sonar étaient reliés aux transistors formant des portes logiques « non-ou » (NOR) qui activaient ensuite des transistors de puissance contrôlant les moteurs de déplacement, le bras et le mécanisme de rechargement des batteries. Dans la première version du robot, la prise murale était détectée par un contacteur sur le bras qui suivait le mur. Dans la seconde version du prototype (Mod II), le sonar fut amélioré en le basant sur deux transducteurs à ultrason pour déterminer la distance, la localisation dans la pièce et les obstacles. De plus, il était doté d'un système optique pour détecter plus efficacement la prise murale noire sur le mur blanc.

En juin 2008, « la bête » fut montrée pendant l'exposition itinérante « Star Wars : où la science rencontre l'imagination » (*Where Science Meets Imagination*) aux États-Unis.

Spheres

S'il semble aisé de créer une réplique fonctionnelle de R2-D2 du point de vue de sa locomotion, il est beaucoup plus difficile de créer un robot *astromech* crédible. Le plus proche est le robot *SPHERES*, un acronyme de *Synchronized Position, Hold, Engage and Reorient Experimental Satellites*, développé par le MIT Space Systems Laboratory et la NASA pour réaliser des opérations de maintenance en microgravité (Sphere 2015).

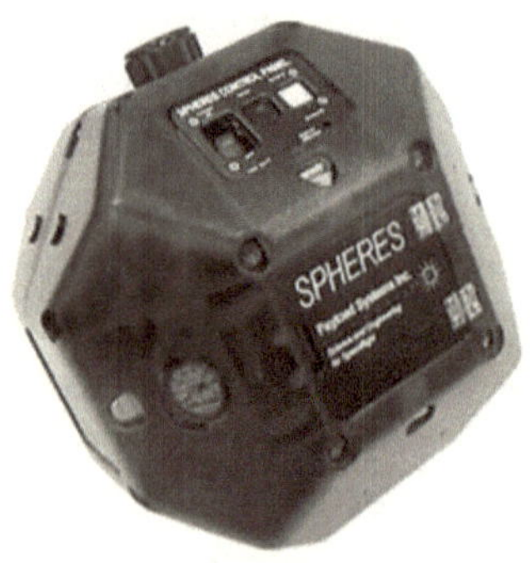

Figure 7. Le robot *SPHERES* développé par le MIT et la NASA.

Son rôle consiste à assister les astronautes lors des opérations d'arrimage, de maintenance des satellites, d'assemblage ou de réparation d'urgence. Si ces fonctions sont similaires à celles d'une unité *R2*, sa forme est plus proche de celle d'un robot d'entraînement au sabre laser, flottant librement dans l'habitacle, comme dans l'épisode IV. Il s'agit en effet d'une structure octogonale colorée mesurant environ vingt centimètres de diamètre. En 2006, trois unités

SPHERES ont été mises en place à bord de la station spatiale internationale ISS.

Curiosity

Le dernier exemple de robot rappelant par certains aspects le célèbre *R2-D2* provient également de la recherche spatiale. Il s'agit du non-moins célèbre « rover » *Curiosity* ayant participé à la mission d'exploration de la planète Mars, baptisée Mars Science Laboratory (MSL). Il a été développé par le centre JPL de l'agence spatiale américaine de la NASA. La sonde spatiale a été lancée le 26 novembre 2011 par une fusée Atlas V et s'est posée sur Mars le 6 août 2012.

L'objectif du robot était de rechercher si un environnement favorable à l'apparition de la vie a existé, analyser la composition minéralogique, étudier la géologie de la zone explorée et collecter des données sur la météorologie et les radiations qui atteignent le sol de la planète.

La morphologie de *Curiosity* ne ressemble pas vraiment à celle de *R2-D2* même si sa tête dotée de caméra ne manque pas de rappeler le périscope du petit droïde. De même, le nombre imposant d'équipements évoque l'ensemble considérable de ses outils et fonctions. Toutefois, *Curiosity* est bien plus grand et imposant. Il a une masse de 899 kilogrammes qui lui permet d'embarquer 75 kilogrammes de matériel scientifique. Il est long de 2,7 mètres avec un mât culminant à 2,13 mètres de haut. Il est conçu pour parcourir 20 kilomètres et peut gravir des pentes de 45 degrés.

Son système de locomotion est composé de six roues indépendantes avec leur propre moteur individuel et une suspension sophistiquée. Les roues ont une surface cannelée pour assurer une meilleure prise dans un sol mou ou sur des rochers présentant une face abrupte. Chacune des quatre roues d'extrémité comporte un moteur agissant sur la direction ce qui permet au rover de pivoter sur place. Comparé au droïde, *Curiosity* est réellement adapté à la locomotion sur un terrain sablonneux et rocailleux. Contrairement à ce que l'on voit dans les films, en particulier dans le désert de la planète *Tatooine*, *R2-D2* ne pourrait certainement pas se déplacer aussi facilement. Il est même certain qu'il terminerait très rapidement enlisé ou bloqué.

Figure 8. Le rover *Curiosity* conçu pour l'exploration de la planète Mars.

Comme *R2-D2*, *Curiosity* est doté d'un bras à l'avant. Celui du rover est télécommandé et articulé et supporte à son extrémité les équipements de prélèvement d'échantillon ainsi que deux instruments scientifiques.

Le rover dispose de deux ordinateurs identiques « radiodurcis » pour résister aux rayons cosmiques. Chacun a une puissance de 400 millions d'instructions par seconde (MIPS) à une fréquence de 200 megahertz, 256 kilo-octets de mémoire morte, 256 méga-octets de mémoire vive et 2 giga-octets de mémoire flash. Cela peut paraître *a priori* impressionnant, mais c'est en fait assez peu comparé à la plupart des ordinateurs grand public comme par exemple un Mac ou un PC quadri-cœur fonctionnant à 4 gigahertz.

Comparé à *R2-D2*, *Curiosity* n'a pas besoin de se recharger sur une prise de courant. Il n'utilise pas de panneau photoélectrique, mais un générateur thermoélectrique nucléaire (GTR) de nouvelle génération, c'est-à-dire produisant de l'électricité à partir de la chaleur résultant de la désintégration radioactive de matériaux riches en radio-isotopes.

2

C-3PO

Le compagnon

Le compagnon incontournable de *R2-D2* est l'androïde *C-3PO* avec lequel il forme un duo comique digne de Stand Laurel et Oliver Hardy. Si le petit droïde apparait malin et débrouillard, le pauvre *C-3PO* ressemble à un grand benêt qui ne rate aucune occasion de se retrouver dans une situation cocasse ou périlleuse. Alors que *R2-D2* participe toujours à l'intrigue en étant un véritable acteur de l'aventure, *C-3PO* est plutôt spectateur et commentateur de l'action tout en la subissant. De ce fait, son rôle, outre celui de nous faire rire ou sourire, fait implicitement référence au coryphée dans la tragédie et la comédie grecque antique. Avec *R2-D2*, il est le seul personnage qui apparait dans tous les films de la saga.

Dans le premier épisode de la prélogie, on apprend la genèse de *C-3PO*. Il est construit à partir de pièces détachées par *Anakin Skywalker* encore enfant pour aider sa mère sur *Tatooine*. Après le départ d'*Anakin*, sa mère lui fournit une carcasse de couleur métallique qui sera ensuite remplacée par une « armure » dorée par l'ambassade de *Naboo* lorsqu'il entre au service de la sénatrice *Padmé*.

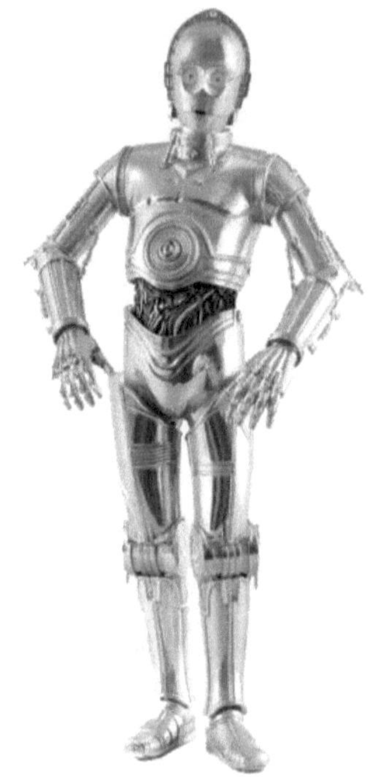

Figure 9. C-3PO dans son « armure » dorée et son expression d'éternel surpris.

C-3PO est un robot protocolaire de morphologie humanoïde. Ce nom est l'acronyme de « Class Three Protocol Operative », mais une autre interprétation dans l'adaptation en roman de l'épisode I propose que le chiffre 3 lui ait été donné par *Anakin* qui le considérait comme le troisième membre de sa famille, après sa mère, *Shmi Skywalker*, et lui-même. Son nom est souvent contracté en *3PO* (*Threepio*). Dans la version française initiale de la trilogie, il fut appelé *Z-6PO* afin que le nom colle mieux aux mouvements des lèvres des acteurs.

Lorsqu'il se présente lui-même, il insiste sur le fait qu'il maîtrise plus de six millions de formes de communication. Son rôle consiste à assister les humains dans les tâches de protocole et de traduction de façon à faciliter les rencontres et les réunions entre plusieurs créatures de cultures différentes. Il se présente aussi parfois comme un spécialiste des relations entre humains, robots et cyborgs. De fait, tout au long de la saga, c'est lui qui traduit les propos de *R2-D2*, ou bien sert d'interprète, par exemple avec les membres de la tribu des *Ewoks* dans l'épisode III.

Origines

L'inspiration de *C-3PO* en tant que personnage, comme celle de *R2-D2*, provient des deux paysans, *Tahei* et *Matashichi*, du film d'Akira Kurosawa *La Forteresse cachée*.

Comme *R2-D2*, le design graphique fut élaboré par McQuarrie, puis développé par le spécialiste des effets spéciaux John Stears. McQuarrie est souvent considéré comme l'auteur le plus important de *Star Wars* juste après George Lucas. Curieusement, il n'était pas particulièrement intéressé par la science-fiction, un genre qu'il connaissait essentiellement au travers des Comics *Buck Rogers*. Il rencontra Lucas grâce à des amis communs, qui lui proposa de travailler sur les concepts graphiques des principaux personnages et les « matte paintings » de *Star Wars*. Pour *C-3PO*, Lucas lui apporta une photo du robot (*Maschinenmensch*) de *Metropolis* de Fritz Lang, en lui précisant qu'il devait ressembler à cela mais en homme (McQuarrie 2009).

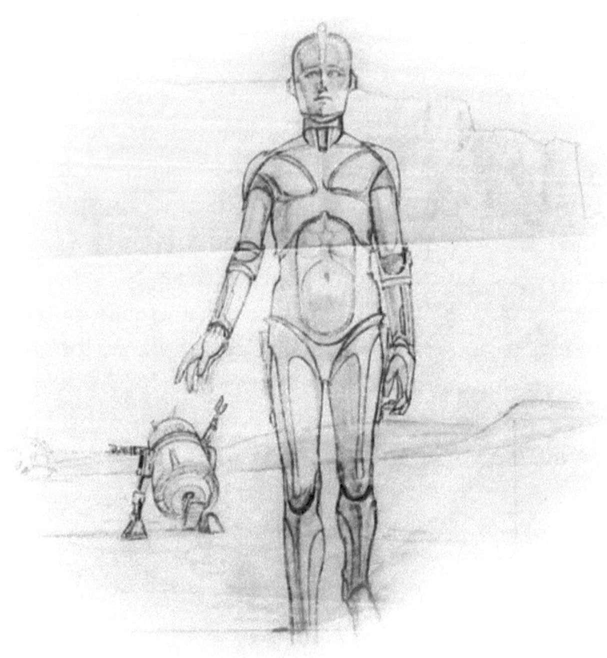

Figure 10. Un des premiers croquis de *C-3PO* par Ralph Angus McQuarrie. On reconnaît l'inspiration de *Futura* de *Metropolis*, le premier robot au cinéma.

McQuarrie eut l'idée qu'il fallait que le robot soit plus élégant et moins sculpturale que celui de *Metropolis*. En effet, d'une certaine manière, on pourrait dire que les deux robots sont en miroir : *Futura* est un robot femelle du côté obscur, alors que *C-3PO* est un robot mâle, du côté du bien. Mais si la silhouette et la sensibilité du droïde sont bien dues à McQuarrie et ses échanges avec Lucas, certains de ses traits dominants, en particulier son visage avec cette expression de surprise perpétuelle, résultent du travail du designer de production John Barry et du sculpteur Liz Moore.

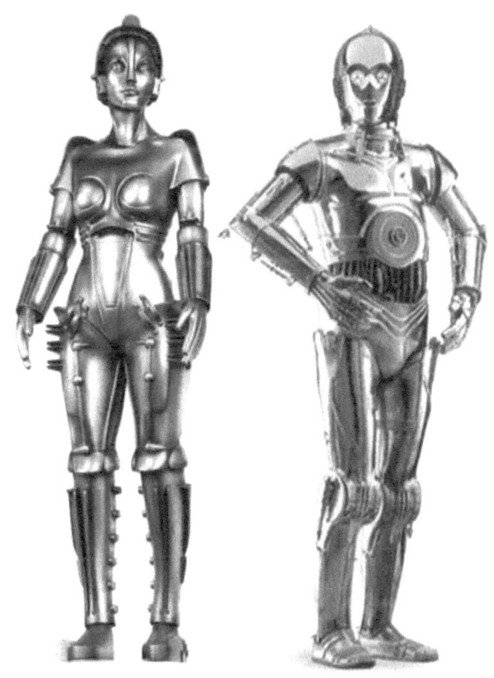

Figure 11. Le robot *Futura* de *Metropolis* (à gauche) reste la principale inspiration pour le design de *C-3PO* (à droite).

On ne peut s'empêcher également en regardant *C-3PO*, de penser au « bonhomme en fer-blanc » (*Thin-Man*) du *Magicien d'Oz* surtout dans son interprétation dans le film de Victor Fleming en 1939 (Baum 2009).

Cette histoire est certainement le conte de fée le plus populaire aux États-Unis, avec *Star Wars*. Leurs personnages sont aussi mythiques et comparables sur de nombreux aspects. *Dorothy* ressemble en effet à *Leia*, le *magicien d'Oz* comme *Obi Wan* est un mentor, sans parler des similitudes visuelles entre le « lion peureux » et *Chewbacca*.

Figure 12. Le « bonhomme en fer-blanc » du *Magicien d'Oz* dans le film de Victor Fleming (1939) interprété par Jack Haley, d'après le roman de L. Frank Baum (1900).

Gaffeur et bavard

C-3PO est un robot humanoïde qui mesure 1,67 mètres. Le terme humanoïde signifie « ressemblant à l'humain », du latin « humanus » et du suffix « oid » signifiant « comme ». Il est donc caractérisé par une morphologie comparable : un bipède avec un tronc, deux bras et une tête.

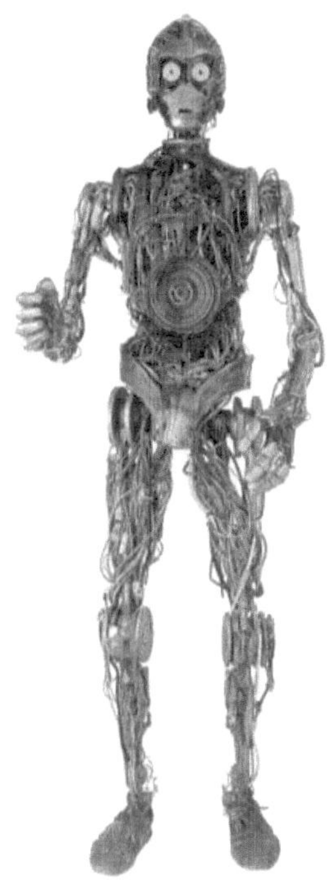

Figure 13. Dans l'épisode I, *La menace Fantôme*, *C-3PO* est assemblé par *Anakin Skywalker*. Il apparait comme un ensemble disparate de pièces détachées que le jeune *Anakin* assemble comme s'il jouait à une sorte de jeu de construction.

Contrairement à *R2-D2*, *C-3PO* est un robot capable de comprendre et de s'exprimer en langage humain. Comme évoqué, en tant que droïde protocolaire, il est même capable de parler plus de six millions de langages et autres formes de communication. Ceci inclut tous les langages informatiques lui permettant ainsi de communiquer avec presque toutes les machines. Le chiffre de six millions est une exagération qui frise le ridicule, mais venant de *C-3PO*, elle devient partie intégrante du personnage. Cette caractéristique rappelle celle du robot *Robby* du film *Planète Interdite (Forbidden Planet)* de Fred McLeod Wilcox en 1956, capable de parler (seulement) 187 langues.

Figure 14. *Robby*, le robot serviteur zélé dans *Planète Interdite* (1956) est lui aussi capable de s'exprimer dans un grand nombre de langues.

Le fait de choisir un robot humanoïde pour s'occuper des relations entre humains et robots est tout à fait cohérent. En effet, l'homme est un animal social évolué qui a une tendance naturelle à projeter sur tout ce qui l'entoure un comportement anthropomorphe (Reeves 2003). Par conséquent, choisir une morphologie humaine capable de respecter son mode de communication et ses comportements est un atout indéniable.

C-3PO est autonome, conscient de lui-même et des autres, intelligent. Il possède également une intelligence émotionnelle tout à fait comparable à celle d'un humain. Par contre, son QI ne semble pas rivaliser avec celui des personnages humains ou même celui de son compagnon de toujours, *R2-D2*. Toutefois, ces caractéristiques lui permettraient sans aucun doute de réussir le test de Turing (Turing 1950).

C-3PO a une personnalité attachante. Il attire la sympathie car il n'est pas méchant et, comme de nombreux personnages comiques, il est terriblement malchanceux. À plusieurs reprises, il est démantibulé puis reconstruit. Dans l'épisode I, il se fait décapiter, sa tête étant placé sur un corps de droïde soldat et inversement. Au cours de l'épisode V, dans la Cité des nuages, *C-3PO* est complètement désarticulé, puis remonté à l'envers par *Chewbacca*.

Sa personnalité tient en grande partie au jeu de l'acteur Anthony Daniels, en osmose totale avec son personnage. C'est au départ un acteur classique dont les ambitions étaient de jouer Shakespeare et les nobles anglais. Mais il fut séduit par les émotions et le caractère étonnant du personnage duquel il se dégage une vraie poésie. Sa voix douce, sa sensibilité, sa vulnérabilité participe de son charme. Son accent anglais ajouta d'ailleurs, dans la version américaine, au caractère « aristocratique » du robot (certains ont critiqué une posture homosexuelle). Selon les épisodes et les scènes, une marionnette grandeur nature ou bien un costume et un masque enfilés par l'acteur furent utilisés.

Elektro

Il existe un nombre important de projets de robots humanoïdes qui pourraient être comparés à *C-3PO*. Nous n'en retiendrons que trois parmi les plus évidents, car il serait vain de vouloir les citer tous.

Le premier d'entre eux est aussi le premier robot humanoïde à avoir été construit. Il s'agit du robot *Elektro*, développé par la société Westinghouse Electric Corporation à Mansfield, dans l'Ohio entre 1937 et 1939. *Elektro* était impressionnant tout d'abord par ses proportions. Il mesurait en effet 2,10 mètres pour un poids dépassant les 120 kilogrammes.

Il était capable de marcher, de parler grâce à un vocabulaire de 700 mots enregistrés sur des disques, de fumer une cigarette, de gonfler un ballon, de bouger les bras et la tête. Il participa activement à la promotion de l'entreprise, en particulier à la foire mondiale de New York en 1939. Sa carrière se prolongea ensuite avec un chien robot appelé *Sparko* jusqu'au début des années soixante. Il est aujourd'hui toujours visible au Mansfield Memorial Museum.

Elektro a été conçu par l'ingénieur Joseph Barnett sur la base d'une armature en acier recouverte par un costume en aluminium doré. Son architecture reposait sur une série de huit lecteurs de disques 78 tours, des cellules photovoltaïques, des moteurs et des relais téléphoniques pour contrôler ses actions. Il était ainsi capable d'exécuter 26 routines correspondant chacune à un comportement.

Plusieurs effets avaient été intégrés de façon à impressionner le public. Le robot bougeait sa tête et ses mains, comptait sur ses doigts, reconnaissait les couleurs rouge et verte grâce à ses cellules photovoltaïques munies de filtres colorés, fumait une cigarette, et parlait à haute voix en bougeant la bouche avec des expressions du type « I am *Elektro* » ou « My brain is bigger than yours ».

Le robot n'était pas contrôlé par une télécommande, mais répondait à des commandes vocales transmises par l'intermédiaire d'un combiné téléphonique.

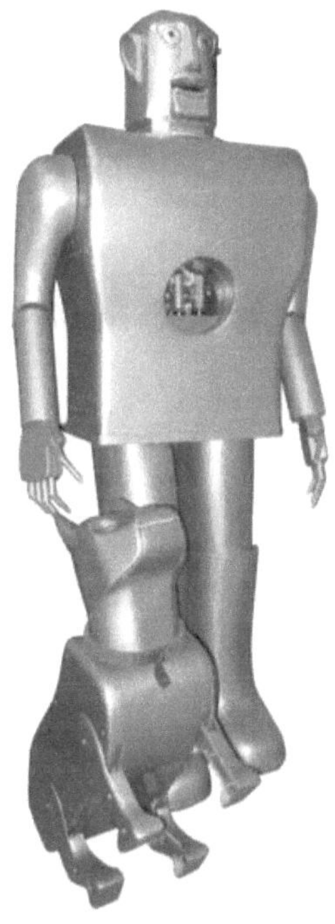

Figure 15. Le robot *Elektro* accompagné de son fidèle compagnon *Sparko* rappelle évidement le duo formé par *C-3PO* et *R2-D2*.

Lorsque le système détectait une séquence de mots spécifiques, dans un ordre précis, il déclenchait alors le comportement associé.

Les vibrations sonores étaient traduites en impulsions électriques par un tube à vide. Chaque impulsion déclenchait alors un obturateur devant une lampe électrique, créant ainsi un flash dans la pièce. L'unité de contrôle du robot détectait alors la lumière grâce à un tube photoélectrique, un œil électronique en quelque sorte.

Parler à *Elektro* était comme composer un numéro sur un téléphone à cadran en utilisant des impulsions lumineuses à la place des nombres. Le sens réel des mots n'avait en fait aucune importance du moment que le nombre correct d'impulsions lumineuses était produit. Un seul mot plaçait une série de relais en position d'action. Deux mots fermaient le circuit électrique et enclenchaient les moteurs. Trois mots activaient le relais qui stoppait le robot. Quatre mots remettaient tous les relais en position repos.

Le « cerveau » du robot était placé à l'extérieur de son corps, car il occupait à lui seul un demi-mètre cube pour 25 kilogrammes. Il comprenait essentiellement 48 relais électromagnétiques et des lampes de contrôle. Les relais contrôlaient les onze moteurs du robot permettant les différents mouvements. Selon son concepteur, il aurait fallu 1024 relais pour commander les 500 mouvements basiques d'un être humain.

Comme certains programmes de radio, *Elektro* utilisait des transcriptions d'environ une minute comprenant environ 75 mots maximum. Chaque lecteur de disque 78 tours pouvait ainsi une enregistrer une dizaine de minutes de discussion. Toutefois, mise à part une présentation d'introduction d'une minute environ, la plupart de ses interventions ne durait que quelques secondes.

Pour avancer, *Elektro* possédait quatre rubans

motorisés sous chaque pied, entraînés par des chaînes et des arbres reliés à un moteur au centre du robot. Neuf moteurs contrôlaient les doigts, les bras, la tête et les tourne-disques pour parler. Un autre moteur était chargé de faire fonctionner un soufflet pour la fumée de cigarette.

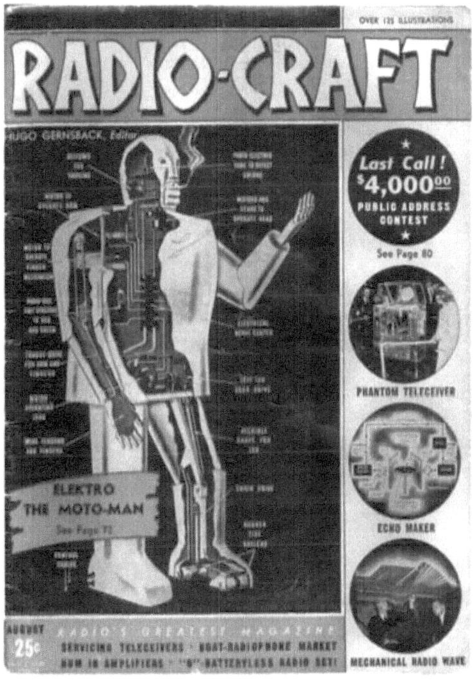

Figure 16. *Elektro* dans la revue Radio-Craft en août 1939.

Elektro était en fait plus proche d'un automate que d'un véritable robot. Néanmoins, il impressionna le public qui voyait pour la première fois un robot humanoïde.

Asimo

Le second robot humanoïde proche de *C-3PO* est le robot japonais le plus connu au monde. Son nom est *ASIMO* (se prononce « ashimo »), un acronyme de « Advanced Step in Innovative MObility » qui signifie « des jambes aussi » en japonais, bien que, selon ses concepteurs, ce ne soit qu'une coïncidence. *ASIMO* fait aussi implicitement référence à Isaac Asimov, le célèbre auteur de science-fiction à qui l'on doit, entre autres, les « trois lois de la robotique » (Heudin 2014a).

ASIMO est un robot de recherche développé par la firme japonaise Honda Motors (Honda 2015a). Les applications envisagées concernent essentiellement l'aide aux personnes handicapées, âgées ou malades et le rôle d'hôte d'accueil. Néanmoins, depuis l'incident nucléaire de Fukushima, il pourrait aussi effectuer des tâches jugées dangereuses pour les humains.

Honda a débuté ses recherches sur les robots humanoïdes en 1986. Dans un premier temps, les ingénieurs ont cherché à maîtriser la marche humaine, l'un des problèmes parmi les plus complexes en robotique.

Ainsi, les sept premiers robots expérimentaux de la série Ex « Experimental Model » n'étaient qu'une simple paire de jambes articulées. C'est ensuite, avec les trois modèles de la série P-X « Prototype Model », que les chercheurs ont ajouté des bras et un véritable corps. La première version d'*ASIMO* a été finalisée en octobre 2000, un aboutissement de cette recherche sur le plan mécanique.

Figure 17. Le robot japonais *ASIMO* développé par la société Honda Motors.

Au moment de ces lignes, nous en sommes à la sixième version du « petit » robot marcheur. *ASIMO* mesure en effet un mètre et trente centimètres, ce qui est relativement petit pour un humain, même artificiel. Il pèse environ 48 kilogrammes et peut « courir » à une vitesse de neuf kilomètres par heure. Son corps est entièrement blanc avec une tête ronde et deux grands yeux ronds qui le rendent sympathique. Il porte une espèce de sac à dos comprenant son équipement informatique.

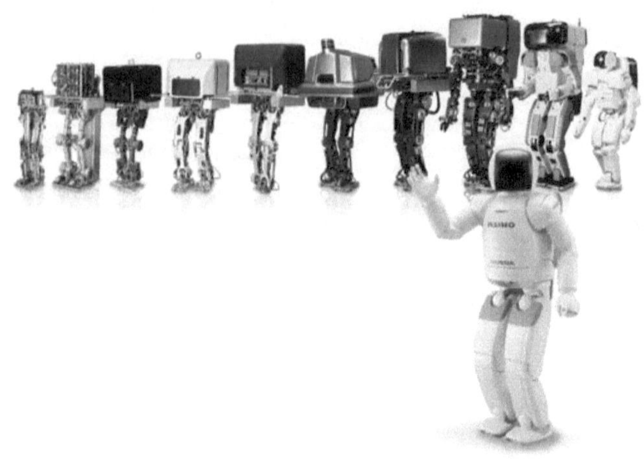

Figure 18. L'évolution des robots développés par Honda pour l'étude de la marche bipède a abouti à la série des *ASIMO*.

Progressivement, les différentes versions ont intégrés de nombreuses innovations comme la capacité de modifier sa trajectoire tout en marchant, la présence de détecteurs de force et de capteurs tactiles dans chaque doigt lui permettant de tenir un gobelet en plastique sans l'écraser, la reconnaissance d'objets fondés sur les sens du toucher et de la vue. De même, il lui est possible de détecter les mouvements des objets ainsi que leur trajectoire. Il est aussi capable de monter et descendre des escaliers, reconnaître des visages, analyser la parole humaine, son environnement, garder son équilibre sur des surfaces mouvantes, sauter à cloche-pied, courir, danser, etc., même si son style reste assez original. Il possède en tout 57 degrés de liberté, ce qui le rend particulièrement agile, si l'on met de côtés quelques chutes restées célèbres.

Romeo

Le troisième robot humanoïde que l'on peut comparer à *C-3PO* est d'origine française et s'appelle *Romeo* (Aldebaran 2015). Il mesure seulement dix centimètres de plus qu'*ASIMO* et pèse environ 40 kilos. Comme ce dernier, il est principalement destiné à l'assistance aux personnes en situation de perte d'autonomie due à leur âge ou à un handicap.

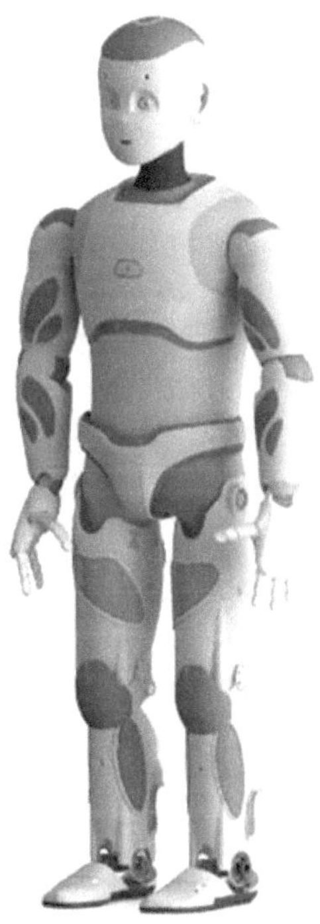

Figure 19. Le robot humanoïde *Romeo* développé par la société française Aldebaran Robotics.

Romeo ressemble à un jeune homme vêtu de blanc et bleu qui inspire la sympathie. Même si son visage est assez éloigné de celui de *C-3PO*, il a lui aussi une expression d'étonnement due à la forme de ses yeux.

Selon Aldebaran Robotics, ce grand frère du célèbre NAO pourra prochainement se déplacer dans un appartement, surveiller les enfants, sortir les poubelles, et surtout devenir un fidèle compagnon prêt à divertir son maître et prendre soin de sa santé.

Romeo est caractérisé par plusieurs innovations au niveau de sa structure mécatronique. Il possède en effet une colonne flexible composée de quatre « vertèbres », un torse partiellement souple, un squelette avec des jambes composite et des pieds articulés, ainsi qu'un nouveau type d'actuateur capable en quelque sorte de « sentir » les mouvements.

L'intelligence artificielle du robot est basée sur le logiciel *Spirops*, développé initialement par Axel Buendia (Buendia 2003) (qui fut thésard à l'Institut de l'Internet et du Multimedia sous la direction de l'auteur).

Le projet a démarré en 2009 et regroupe actuellement 16 partenaires. Une première version du robot a été présentée en 2012.

Comme nous l'avons évoqué, il existe d'autres projets de robots humanoïdes existants qui pourraient être comparés à *C-3PO*. Citons par exemple, *ASH* (Autonomous Shipboard Humanoid) qui explicitement prend *C-3PO* comme référence. Le robot développé au RoMeLa (Robotics & Mechanisms Laboratory) à Virginia Tech University en collaboration avec la marine américaine (Navy 2015).

3

BB-8

Le dernier né

BB-8 est le dernier né des robots de la saga *Star Wars*. Il fait sa première apparition dans l'épisode VII, *Le réveil de la force*, qui débute la troisième trilogie sous la direction du réalisateur Jeffrey Jacob Abrams. Selon ses propres propos (ce livre est écrit alors que le film n'est pas encore sorti sur les écrans), ce nouvel opus « Disney » marque un retour aux sources du premier long métrage. La majorité du film a en effet été tournée en prises de vue réelles, avec une diminution significative du nombre de plans en images de synthèse, du moins comparée au dernier épisode de la prélogie. *BB-8* n'échappe pas à la règle puisqu'il est réalisé « pour de vrai » afin d'être parmi les acteurs dans les prises de vue. Il a d'ailleurs été présenté sur scène à côté de *R2-D2* lors de l'ouverture des journées *Star Wars Celebration 2015*.

D'emblée on peut dire que *BB-8* est un *R2-D2* nouvelle formule. Comme lui, c'est un droïde *astromech* et, par conséquent, on retrouve un bon nombre de fonctions identiques ou similaires : il s'intègre parfaitement dans le fuselage d'un *X-Wing*, il peut projeter une image holographique, il possède un compartiment pour sabre laser, etc.

Figure 20. Avec sa forme sphérique originale, le petit droïde *BB-8* est devenu célèbre bien avant la sortie du film.

La différence essentielle et immédiate avec *R2-D2* réside dans sa morphologie et son mode original de locomotion. *BB-8* est composé d'une grosse boule blanche et orange d'environ cinquante centimètres de diamètre avec une petite tête semi-sphérique nichée au sommet. Le robot se déplace en faisant rouler la grosse sphère sur le sol comme un ballon, la tête restant stable comme par magie. Nous reviendrons un peu plus loin sur le principe technique sous-jacent. La tête possède un gros œil noir qui peut devenir rouge, et un second plus petit, noir également, qui correspond au projecteur holographique.

Comme *R2-D2*, *BB-8* est du côté de la force et du bien. On le voit à plusieurs reprises avec *Poe Dameron*, *Rey* et *Finn* sur la planète *Jakku*, ou bien encore à bord du *Millennium Falcon*.

Origines

Le nom du droïde fut choisi par le réalisateur lui-même, à cause de sa forme qui ressemble à un « 8 » ou à un « B ». J. J. Abrams serait également à l'origine des premiers croquis : deux cercles l'un sur l'autre avec un point représentant un œil. Le dessin était simpliste mais l'idée était déjà là. Elle n'était cependant pas nouvelle car Ralph McQuarrie avait déjà envisagé un design en forme de sphère pour *R2-D2* lors de la conception des personnages pour le premier film de la trilogie. Il l'imaginait alors comme un petit robot se déplaçant sur un roulement à bille géant, juste une sphère ou un cercle en forme de roue, avec des gyroscopes afin qu'il puisse aller dans toutes les directions.

C'est Christian Alzmann, concept designer pour le film, qui reprit ensuite l'idée du robot roulant sur une sphère pour proposer plusieurs pistes de design, avant d'aboutir au concept final. *BB-8* était né et rien que sa forme ronde lui donnait déjà une personnalité sympathique qui n'allait pas être celle d'un personnage trop sérieux ou agressif.

La réalisation du robot fut confiée à Neil Scanlan et

son équipe du « Creature Shop » des studios Pinewood. Le designer Jake Lunt Davies continua le développement conceptuel, en particulier au niveau de variations subtiles afin d'exprimer une réelle personnalité.

Figure 21. Les premiers croquis de design du droïde *BB-8* sont attribués au réalisateur J. J. Abrams.

L'idée d'un robot en forme de boule est intéressante mais complexe à concevoir techniquement. Par conséquent, plusieurs versions ont été fabriquées pour répondre aux impératifs des divers plans du film : un pour les gros plans, un avec des roues stabilisatrices capable d'interagir avec les acteurs, un troisième pouvant être jeté sans basculer et même une version sous la forme d'une marionnette.

La version la plus aboutie fut conçue par Joshua Lee, designer senior des « animatronics », pendant que Matt Denton adaptait ses programmes existants aux possibilités offertes par ce nouveau design.

Petit rondouillard

Une des particularités de *BB-8* réside dans son mode de locomotion qui intrigue : comment fonctionne-t-il ?

Contrairement à certaines théories farfelues que l'on a pu voir sur certains blogs, le moteur n'est pas un hamster qui court à l'intérieur...

Le robot le plus proche est celui de la société Sphero, appelée auparavant Orbotix, qui fut l'une des dix start-ups financée au sein du programme d'accélération de Disney en 2014. Le CEO de Disney, Bob Iger, fut lui-même le mentor de la start-up à l'intérieur de l'entreprise. *BB-8* et la dernière version du robot *Sphero* partagent en effet de très nombreuses caractéristiques.

Le principe repose sur un gyroscope qui détermine où est le bas, et deux roues motorisées pour faire tourner la sphère de l'intérieur. Une base, dans laquelle se trouvent l'électronique et les batteries, sert de contrepoids pour garder les roues en contact avec la partie basse de la sphère. Il y a aussi un support vertical qui maintient les roues en contact avec la paroi.

Jusque là, rien de compliqué. La véritable problématique concerne la tête qui doit rester stable au sommet de la sphère, même lorsque celle-ci tourne pour faire avancer le robot.

Il est intéressant de noter que le groupe de recherche et développement « Imagineering » de Disney déposa un brevet en 2010, deux ans avant l'acquisition de Lucasfilm et quatre ans avant d'investir dans Sphero (Sanchez 2015). Il semble donc que l'entreprise était déjà en train de travailler sur les robots sphériques bien avant Star Wars VII.

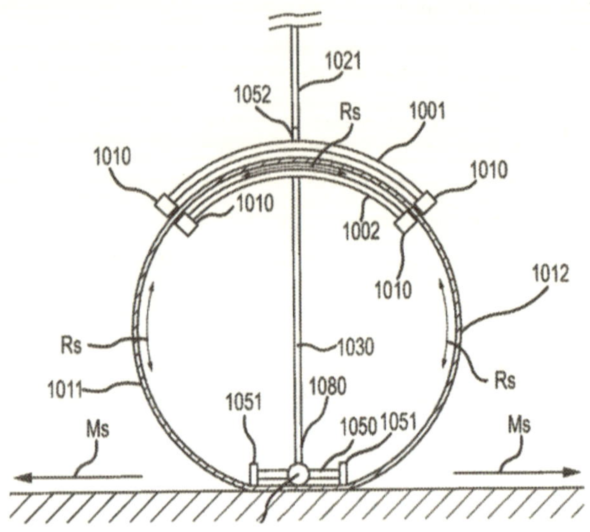

Figure 22. Une des illustrations du brevet US 8269447 B2 de robot sphérique à mouvement « holonomique » déposé par Disney en 2010.

Le brevet, dont les inventeurs sont Lanny Smoot et Dirk Smelling, s'intitule : « un moteur de robot avec équilibrage magnétique sphérique » (Magnetic spherical balancing robot drive). Le principe est basé sur ce qu'il convient d'appeler le mouvement « holonomique ».

Plus spécifiquement, une roue holonome est un mécanisme constitué d'un moyeu disposant d'un chapelet de galets répartis sur sa périphérie. Utilisée le plus souvent pour les plateformes robotiques ou les engins de manutention, elle confère au système des possibilités de déplacements dans un espace plus compact. En effet, les axes des roues sont fixes et le mouvement global dépend uniquement de la combinaison des mouvements de rotation de chaque roue.

Ce principe permet au robot sphérique de tourner instantanément dans n'importe quelle direction sur un sol plan, ce qui le rend extrêmement réactif.

Le brevet présente plusieurs variantes de ce principe dont l'une est très proche de *BB-8*. Celle-ci repose sur un système moteur qui reste toujours en position constante par rapport à la sphère. Les roues motorisées peuvent alors faire tourner la sphère dans n'importe quel sens. Le robot utilise en plus des gyroscopes et un accéléromètre pour déterminer sa position et sa dynamique de mouvement. La base, plus lourde, garde le centre de gravité proche du sol. Les roues sont plaquées contre la paroi interne de la sphère de manière à assurer sa rotation et, par conséquent, le déplacement.

Pour résoudre le problème de la tête, une tige solidaire de la base comprend un aimant à son extrémité. La tête semi-sphérique est alors posée à l'extérieure sur un système de roulement et maintenu au niveau de la tige par des aimants. Le système de contrôle s'assure que la tige est toujours en position verticale. Il peut également modifier sa position de manière à faire bouger la tête, celle-ci étant en interaction magnétique avec la tige.

Sphero

Le premier robot *Sphero*, quant à lui, a été développé par Ian Bernstein et Adam Wilson sur la base d'une enveloppe imprimée en 3D et une électronique provenant d'un smartphone (Sphero 2015). Le prototype fut montré au Consumer Electronic Show (CES) en 2011. Trois ans plus tard, l'entreprise lançait la seconde version de leur robot sphérique et participait au programme d'accélération de Disney. Pendant une réunion, Bob Iger leur dévoila des images inédites de l'épisode VII montrant le droïde *BB-8*. Il leur proposa une licence pour la production d'un modèle jouet du robot basé sur leur technologie, ainsi qu'une prise participation minoritaire. La disponibilité du jouet fut annoncée en septembre 2015, trois mois avant la sortie du film.

Figure 23. Le robot *Sphero* est une sorte de balle connectée que l'on peut contrôler depuis des applications sur son smartphone.

Dans un premier temps, voyons à quoi correspond *Sphero*. À première vue, le robot a l'aspect d'une simple sphère blanche en plastique de 740 millimètres de diamètre pour 168 grammes, remplie d'électronique et contrôlable à partir d'un smartphone ou d'une tablette. Dans un second temps, on prend vite conscience qu'il ne s'agit pas d'une simple balle. En effet, le petit robot sphérique est doté d'un gyroscope, d'un accéléromètre, de deux moteurs et de plusieurs voyants de technologie leds. Une interface Bluetooth permet de le contrôler à l'aide d'une application sur smartphone pour le faire se déplacer dans toutes les directions et allumer les leds. Il peut même être commandé à la voix au travers de commandes simples.

Le robot se recharge par induction sur un socle fourni en standard. Après une phase de calibrage, l'interface de l'application de base est très intuitive. On peut trouver plusieurs dizaines d'applications disponibles, surtout des jeux, golf en particulier. Il existe également un environnement de développement (SDK) gratuit et ouvert permettant aux développeurs indépendants de créer leurs propres applications.

Le petit robot a été testé afin de vérifier sa robustesse : une chute d'un mètre de haut sur le carrelage, les crocs d'un chien très joueur, un plongeon et la traversée d'une piscine de dix mètres. Par contre, il s'est montré moins à l'aise sur un terrain sablonneux ou dans une prairie avec des herbes un peu hautes, alors qu'il avance à près d'un mètre par seconde sur un sol plus ferme.

Lorsque l'on observe la version *BB-8* du robot *Sphero*, les seules différences flagrantes proviennent du design spécifique du droïde avec ses couleurs vives et sa petite tête amovible.

Comme pour son prédécesseur, il répond à des commandes vocales simples mais adaptées pour *Star Wars*. Il peut également jouer des messages « holographiques » visibles au travers du smartphone comme dans les films de la saga.

Il n'est pas possible d'ouvrir le petit robot pour inspecter l'intérieur sans l'endommager. Il faut découper le plastique, ce qui revient à le rendre inutilisable. Il y a très eu de différences avec le *Sphero* si ce n'est la présence un petit mat avec deux aimants pour maintenir la tête (Ubreakifix 2015).

Figure 24. L'intérieur du modèle « jouet » *BB-8* montre comment pourrait être réalisée une version plus réaliste du droïde sphérique.

Sur la carte mère circulaire, on découvre un circuit micro contrôleur ST Micro STM32 F3 architecturé autour du microprocesseur RISC 32 bits ARM Cortex-M4 fonctionnant à 72 megahertz (Wikipedia 2015b). Ce processeur comprend non seulement un processeur « classique » mais aussi des extensions pour le traitement de signal (DSP), une unité de calcul à virgule flottante (FPU), un système sophistiqué de gestion d'interruptions, d'interfaces et de mise au point des programmes. À côté de ce « cerveau », on distingue également une interface Bluetooth, une mémoire EEPROM, un circuit de gestion de la batterie, un gyroscope et un accéléromètre. En comparaison du circuit du *Sphero*, il manque un second microcontrôleur dont le rôle est de permettre d'apprendre à programmer un robot et d'exécuter les programmes des utilisateurs. De ce point de vue, le petit *BB-8* semble donc plus limité que son grand frère. En dessous du circuit imprimé, on découvre enfin deux batteries 3,7 volts de technologie Li-ion et deux moteurs électriques permettant la locomotion.

Guardbot

Comme nous l'avons évoqué, Disney n'est pas la seule entreprise à s'être intéressée à la réalisation de robots sphériques.

Figure 25. *Guarbot* est un robot dédié à la sécurité et à la surveillance de sites sensibles.

Citons par exemple *Guarbot*, une gamme de robots dédiés à la sécurité, allant de 14 centimètres à 2,5 mètres de diamètres, capables de se déplacer sans difficulté dans toutes sortes de terrains difficiles, y compris liquides, neige, sable, herbe haute, etc.

Le centre du robot est une sphère contenant le système de propulsion alimenté par batterie et un système qui contrôle la stabilité du centre de gravité. Le robot possède également deux demi-sphères latérales translucides contenant deux caméras haute-définition et les instruments liés au domaine d'application.

Guardbot peut être programmé pour fonctionner en autonome ou bien piloté à distance comme un drone. Les applications envisagées concernent essentiellement la surveillance de sites sensibles. Le robot a également été évalué par l'armée américaine pour des applications militaires (Guardbot 2015).

Tumbleweed

Pour terminer, citons le projet *Tumbleweed* développé par le Jet Propulsion Laboratory de la NASA (Nasa 2015). Le nom, signifiant « virevoltant », provient des plantes qui se détachent de leurs racines et roulent ensuite, poussées par le vent.

Il s'agit d'un robot d'exploration gonflable. Il se présente sous la forme d'une sorte de gros ballon blanc ou jaune de 1,8 mètres de diamètre, ce qui n'est pas sans rappeler les boules blanches qui gardent l'accès du « village » dans la série britannique *Le prisonnier* (The prisoner) d'où tente de s'enfuir *Number 6* (Wikipedia 2015c).

L'ensemble du système robotique et des instruments est contenu dans un cylindre traversant de part en part la sphère. Le robot possède également son propre parachute de manière à être largué directement sur son terrain opérationnel.

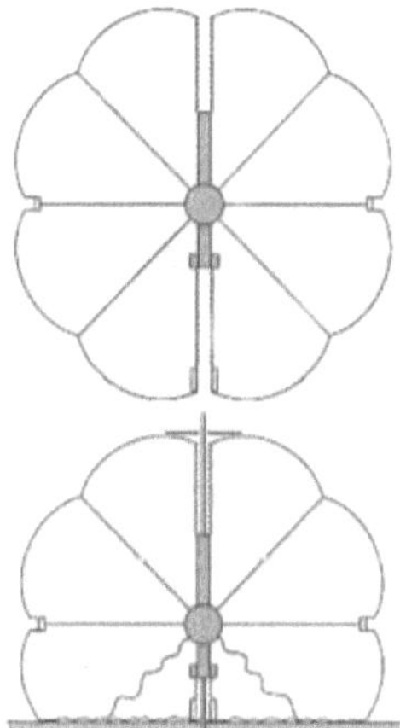

Figure 26. Le robot *Tumbleweed* développé par la NASA. La sphère est gonflée pour rouler ou bien partiellement dégonflée pour effectuer des prélèvements dans le sol.

Un prototype a été testé lors d'une mission dans l'antarctique en 2004, un voyage de sept jours sur une distance de 130 kilomètres. Les applications envisagées concernent entre autres l'exploration de la planète Mars.

4

Une classification des droïdes

Il faut bien reconnaître qu'il y a un nombre incroyable de droïdes dans *Star Wars*. Non seulement ils sont nombreux, mais en plus il en existe de très nombreuses sortes. Nous avons vu précédemment que *R2-D2* et *BB-8* étaient des robots *astromech*, spécialisés dans l'entretien des vaisseaux spatiaux, en particulier les chasseurs *X-Wing*. *C-3PO* est, quant à lui, un droïde protocolaire, capable de parler un nombre impressionnant de dialectes.

Lorsque l'on essaye de répertorier tous les droïdes, cinq classes se distinguent. Ces cinq catégories sont essentiellement basées sur les domaines d'applications et leurs capacités cognitives associées. Nous allons brièvement les passer en revue en montrant, sur des exemples, les similitudes avec des robots réellement existants.

Classe 1

La première classe de droïdes comprend les robots programmés pour travailler dans les domaines des sciences, en particulier les mathématiques, la physique et la biologie. Ils ne sont pas adaptés pour appliquer leurs connaissances dans les situations quotidiennes mais à une activité de recherche ou d'expérimentation dans un laboratoire. Il y a quatre sous-classes de droïdes dans cette catégorie.

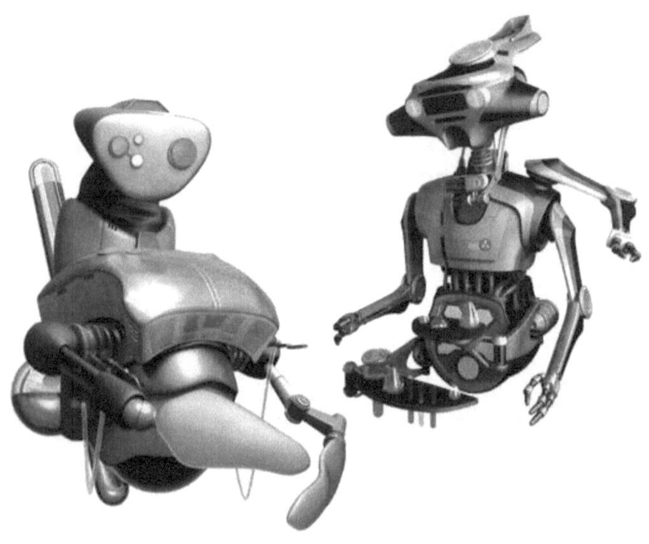

Figure 27. Deux exemples de droïdes médicaux dans *Star Wars*. Un droïde accoucheur (à gauche) et un droïde infirmier (à droite).

Les droïdes médicaux sont les plus répandus. Ils comprennent les robots spécialisés pour développer et tester de nouveaux médicaments, pour traiter les patients, pour aider les médecins et les chirurgiens.

Les droïdes de sciences biologiques sont programmés pour faire des analyses et étudier la faune, la flore et les écosystèmes des différentes planètes.

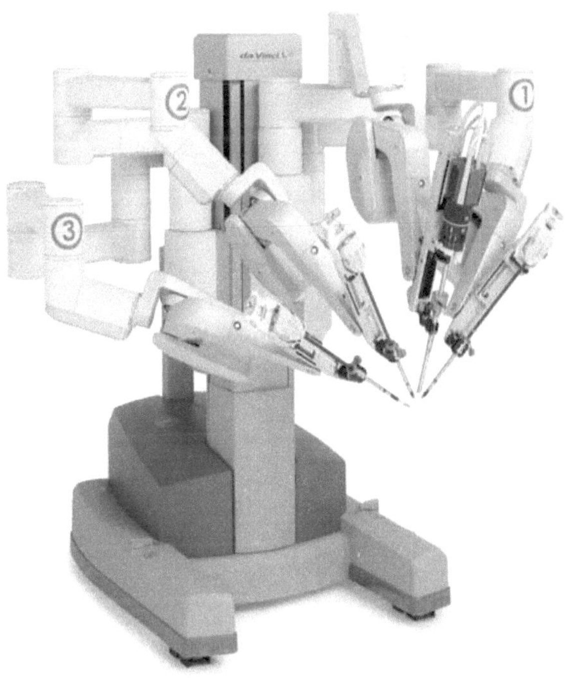

Figure 28. Le robot *Davinci* est l'un des robots chirurgiens parmi les plus répandus. Il permet d'effectuer des opérations avec une très grande précision et éventuellement d'être commandé à distance.

Les droïdes de sciences physiques réalisent des expérimentations sur des phénomènes physiques afin de valider ou d'invalider les théories. Ces phénomènes concernent l'astronomie, la cosmologie, la physique quantique, les matériaux, etc.

Les droïdes mathématiques sont programmés pour effectuer des calculs, des statistiques, analyser des volumes très importants de données. Certains, moins sophistiqués, sont utilisés pour des tâches de contrôle de gestion ou de comptabilité.

Classe 2

Les droïdes de classe 2 sont des robots spécialisés dans l'ingénierie et, plus généralement, tous les domaines d'applications où la technologie est présente. Ces unités robotiques sont très rarement capables de s'exprimer en langage naturel. Par contre, elles sont particulièrement adaptées pour dialoguer en binaire avec une large gamme de machines. Il existe cinq grandes catégories dans cette classe.

Figure 29. Un exemple de droïde sonde utilisé par l'empire dans l'épisode V.

Les droïdes astromech sont spécialisés pour les vols spéciaux et assister les pilotes. Leur but essentiel consiste à effectuer les calculs nécessaires, en particulier pour les sauts dans l'hyperespace. Ils sont pour la plupart également aptes à assurer certaines fonctions de contrôle et d'entretien des vaisseaux en cours de vol. *R2-D2* et *BB-8* sont deux exemples de ce type de droïdes.

Figure 30. La sonde spatiale *Cassini* a été lancée en 1997 pour l'exploration de Saturne et ses lunes. Elle orbite autour de la planète depuis 2004.

Les droïdes d'exploration ont pour tâche d'explorer les planètes, les champs d'astéroïdes et l'espace profond pour découvrir et exploiter les ressources naturelles.

Les droïdes environnementaux sont programmés pour étudier, voir influencer, l'environnement.

Les droïdes d'ingénierie représentent une vaste sous-classe qui regroupe tous les robots dédiés à des tâches techniques dans les domaines de l'aérospatiale, du génie industriel, des matériaux, de la chimie, de la production, etc.

Les droïdes de maintenance sont conçus pour effectuer des tâches sophistiquées de maintenance sur des infrastructures techniques complexes comme un vaisseau spatial ou une usine entièrement automatisée. Cette sous-classe ne comprend pas les droïdes d'entretien ou de réparation qui dont répertoriés en classe cinq.

Classe 3

Les robots de la troisième classe sont programmés pour interagir avec les humains. Ils ont la réputation d'être les droïdes les plus avancés jamais inventés. Il existe quatre sous-classes principales.

Les droïdes de protocole sont conçus pour réaliser des fonctions de diplomatie, d'intermédiation, de traduction. Les plus performants sont capables de comprendre et parler plusieurs millions de dialectes. Ils dont principalement utilisés par les ambassadeurs et les diplomates. Ils ont généralement une morphologie androïde de manière à faciliter leur intégration dans les sociétés humaines. *C-3PO* est un exemple de ce type.

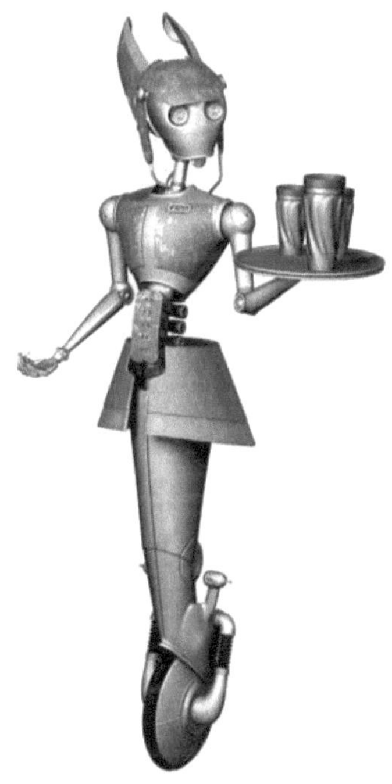

Figure 31. Un exemple de droïde servant dans *Star Wars*.

Les droïdes servants sont programmés pour servir les humains dans les familles et ménages privés, les résidences et hôtels, en tant que majordome, maître d'hôtel, chef du personnel.

Les droïdes tuteurs sont dédiés aux tâches d'enseignement et d'apprentissage. Ils sont programmés avec une large base de connaissances ou de compétences qu'ils doivent transmettre à leurs élèves.

Les droïdes de garde d'enfant sont programmés pour garder les enfants et même mes protéger en cas de danger immédiat. Certains sont conçus pour des tâches similaires auprès des personnes âgées ou des malades.

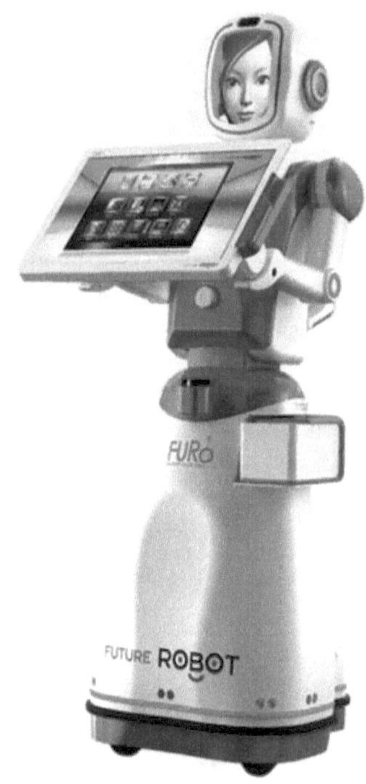

Figure 32. Le robot *FURo* est un agent d'accueil multi-service développé par la société Sud-Coréenne Future Robotics.

Classe 4

Les droïdes de classe quatre sont des robots conçus pour la défense et le combat. Il existe quatre sous-classes de droïdes de combat. Ils ont été parmi les premiers robots à être développés dans l'univers *Star Wars*.

Figure 33. Droïdes de combat *B1* (à gauche) et *Droïdekas* (à droite) de la fédération du commerce (épisode II).

Les droïdes de sécurité sont utilisés pour garantir la sécurité, surveiller, garder les entreprises, les bâtiments, appartements privés. Ils ne sont généralement pas armés ou bien avec des armes non létales.

Les droïdes gladiateurs sont programmés pour se battre dans des arènes contre d'autres robots ou créatures. Dans ces divertissements de masse, les spectateurs regardent les droïdes se battre jusqu'à ce que l'un d'entre eux soit totalement hors service.

Figure 34. Le robot *SWORDS* (Special Weapons Observation Reconnaissance Detection Systems) est un drone utilisé depuis 2004 par l'armée américaine (à gauche). Le robot humanoïde *Atlas* développé par Boston Dynamics et financé par l'armée américaine (à droite).

Les droïdes militaires sont des unités robotiques pour le combat. Il en existe de nombreuses sortes pour l'armée de terre, de mer ou embaqués à bord des vaisseaux spatiaux. Autonomes ou supervisés, certains sont construit pour durer, d'autres sont produits en masse comme des munitions.

Les droïdes assassins sont créés spécifiquement pour éliminer des cibles prédéfinies. Leur rôle est d'identifier, de localiser et de tuer la personne ciblée.

Classe 5

La classe cinq regroupe tous les droïdes conçus pour effectuer les tâches simples ou jugées dégradantes que personne ne souhaite faire. Ce dont les robots les plus répandus. Il existe trois sous classes.

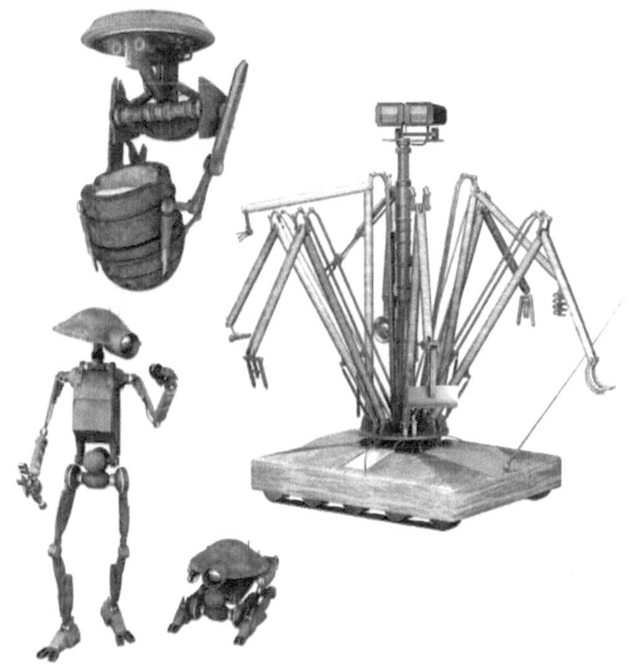

Figure 35. Exemples de droïdes travailleurs et spécialisés.

Les droïdes travailleurs sont les plus courants. Ils sont aptes à effectuer la plupart des tâches de manutention comme soulever et déplacer des objets lourds.

Les droïdes spécialisés sont conçus pour réaliser une

tâche précise. Optimisés pour cette tâche, ils sont très difficilement adaptables à une autre application.

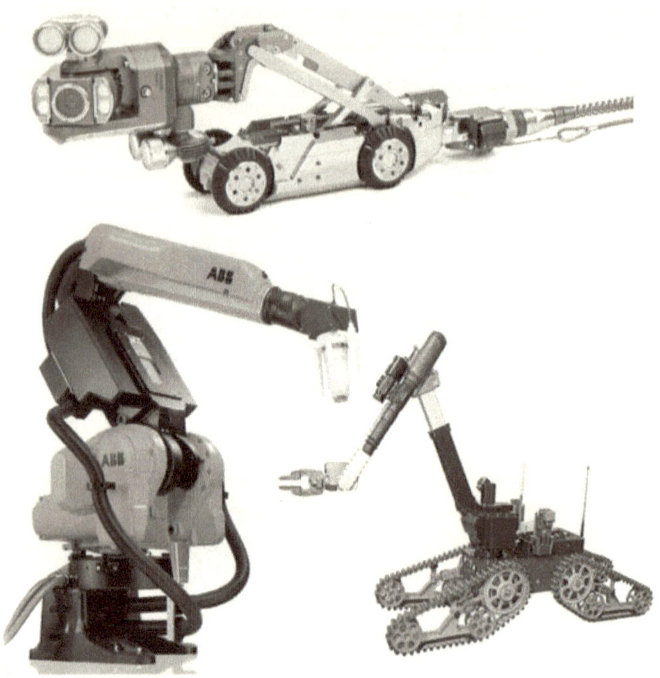

Figure 36. Un robot d'inspection de pipeline (en haut). Un robot fixe de peinture six axes (en bas à gauche). Un robot d'intervention en zone dangereuse (en bas à droite).

Les droïdes de service en zone dangereuse. Ils sont adaptés pour effectuer des tâches simples de manipulation de matières dangereuses ou de matières classique dans une zone dangereuse. Il peut s'agir d'éléments radioactifs ou contaminés.

Outre son intérêt pour classifier les robots en catégories, ce chapitre confirme le niveau de réalisme des droïdes dans *Star Wars* si l'on met de côté certaines propriétés, comme par exemple la capacité de lévitation de certains d'entre eux. En effet, à chaque fois, il existe des exemples de robots réellement existants qui ont des objectifs et des fonctions similaires. Certains sont en cours de développement ou bien sous la forme de prototypes, mais un nombre croissant est d'ores et déjà opérationnel.

5

L'IA des droïdes

Intelligence incarnée

L'intelligence artificielle (IA) dans *Star Wars* est un véritable paradoxe. Les droïdes apparaissent comme intelligents, certains plus que d'autres, mais on ne trouve aucune IA à proprement parler. Il n'y a pas non plus de super-ordinateur. D'ailleurs, quand on y regarde d'un peu plus près, il y a une foule de technologies qui n'existent pas dans la guerre des étoiles : internet, nano-robots, singularités, etc.

Dans une première approche, la vision du futur selon George Lucas semble aussi charmante que désuète. C'est comme si la science-fiction de *Star Wars* s'était figée dans les années soixante-dix.

Le réalisateur connaissait pourtant l'intelligence artificielle. Il ne pouvait pas ne pas avoir vu *2001— L'odyssée de l'espace* de Stanley Kubrick (1968) et son superordinateur *HAL9000*, la première représentation d'une super-intelligence artificielle au cinéma. D'autant, que dans de nombreux plans, on retrouve les innovations cinématographiques du maître. Il y a en effet un avant et un après *2001*. C'est le premier véritable film de *space-opera* avec une approche réaliste, qualifiée aujourd'hui de « hard science-fiction ». Avec *Star Wars*, on est toujours dans le genre *space-opera*, mais qui prend de grandes libertés avec les lois physiques : les vaisseaux spatiaux font du bruit dans l'espace, les voyages intersidéraux sont quasi-instantanés, il n'y aucun paradoxe temporel, etc. C'est ce qu'il convient d'appeler du *space-fantasy*.

Dans *Star Wars*, l'IA est toujours incarnée dans une machine ou un robot. Elle n'est jamais virtuelle, sous la forme d'une entité abstraite, algorithmique. Elle est toujours liée à la personnalité d'un robot ou d'une classe de robots. Ainsi, les droïdes de combat de la fédération du commerce ont certes une intelligence, mais elle semble très limitée. Certains robots, comme *C-3PO*, exprime leur intelligence grâce au langage humain. D'autres au contraire, utilisent un langage apparemment plus simple, comme *R2-D2* ou *BB-8*, mais qui n'en reste pas moins sophistiqué puisqu'il est capable d'exprimer non seulement des émotions mais aussi des expressions complexes.

L'intelligence des robots est logée dans leur tête. Lorsque *C-3PO* se retrouve démantibulé, ou bien la tête sur le corps d'un autre robot, celle-ci conserve sa personnalité et toutes ses capacités. À aucun moment, il n'est en outre précisé quelle est la véritable nature de cette intelligence ni les technologies mises en œuvre : symbolique, neuromimétique, ou autre.

Toutefois, *R2-D2* et *C-3PO* semblent des exceptions en termes d'intelligence, la plupart étant doté d'un QI limité. L'explication souvent avancée est que pour qu'un droïde développe une vraie personnalité, il faut qu'il soit autorisé à fonctionner assez longtemps sans une remise à zéro de sa mémoire. Mais comme cela les rend *a priori* moins fiables, la très grande majorité d'entre eux sont remis à zéro régulièrement.

Si *R2-D2* et *C-3PO* sont aussi intelligents, c'est que le premier n'a jamais eut sa mémoire effacée et le second une seule fois. Nous reviendrons un peu plus loin sur l'éthique de cet aspect de l'histoire imaginée par George Lucas.

Intelligent ?

Dans l'épisode II, *L'attaque des clones*, *Obi-Wan Kenobi* n'hésite pas à lâcher lors d'une discussion :

« Eh bien, si les droïdes pouvaient penser, il n'y aurait aucun d'entre nous ici. N'est-ce pas ? »

Selon George Lucas lui-même, les droïdes sont intelligents, mais ils n'ont pas d'âme. Pour essayer de comprendre ce que le créateur de la saga entend par là, il convient au préalable d'y voir un peu plus clair entre les différentes notions que sont : l'intelligence, la mémoire, la pensée, l'esprit, la conscience, la personnalité, l'âme. Cette tâche n'est pas simple car, bien que différents, ces concepts sont souvent utilisés l'un pour l'autre sans réelle distinction. La diversité de sens de ces mots n'a en outre d'équivalence que leur imprécision. D'une culture à l'autre, comme d'un individu à un autre, la compréhension et les termes se mélangent.

Nous avons conscience de la complexité de ces concepts et des très nombreuses thèses philosophiques, biologiques, épistémologiques, religieuses, etc., qui s'y rapportent. Toutefois, dans les lignes qui vont suivre et sauf mention spécifique, nous les utiliserons en faisant références aux propositions de définitions suivantes (Heudin 2014a).

L'intelligence : elle représente la capacité d'une entité qui lui permet de se comporter de façon adaptée dans son environnement, en particulier si celui-ci est dynamique et complexe.

La mémoire : elle est la capacité de se souvenir d'expériences passées et de les mobiliser pour améliorer ses comportements face à des modifications de l'environnement.

L'esprit, la pensée : c'est l'ensemble des processus cognitifs qui permettent à une entité d'analyser une situation, de sélectionner un comportement adapté et de le mettre en œuvre.

La conscience : c'est la faculté qui permet à une entité de percevoir sa propre existence et de se représenter elle-même et les autres dans son environnement.

La personnalité : elle correspond à l'ensemble des traits morphologiques et comportementaux qui permettent de différencier deux individus, surtout s'ils font partis d'une même espèce.

L'âme : c'est un principe immatériel hypothétique capable de transcender et, selon certaines croyances religieuses, de quitter le corps matériel après la mort pour éventuellement se réincarner.

En se basant sur ces définitions, certes encore imprécises, il est néanmoins possible de mettre en évidence certains points importants.

Un premier point concerne l'*intelligence*. Avec cette définition, il devient clair qu'il peut exister une intelligence indépendamment des autres propriétés, en particulier de la mémoire et de la conscience. Toutefois, un système dénué de mémoire et de conscience ne pourrait être qualifié de très intelligent. On qualifie souvent ce type de systèmes de « réactifs », c'est-à-dire qu'ils se comportent par purs réflexes face aux événements qui se produisent dans leur environnement. Ils ne sont pas capables d'apprendre et, par conséquent, ils réagissent toujours de la même manière face à des stimuli identiques.

Figure 37. Les droïdes les plus simples ont une intelligence réactive à l'instar des souris *MSE-6* (à droite). Ils sont comparables en termes de comportements aux robots les plus simples comme les « tortues » de Grey Walter conçus dans les années 1940 (à gauche).

De très nombreux robots ont été étudiés et développés sur ces principes. Citons les « tortues cybernétiques », *Elsie* et *Elmer*, de William Grey Walter

(1910-1977) dès les années 1940 (Walter 1950), ou les robots insectoïdes de Rodney Brooks à partir de 1986 (Brooks 1989). Néanmoins, de très nombreuses expérimentations ont montré que, malgré leur simplicité en termes de conception, ces robots étaient capables de comportements complexes.

Il semble évident qu'une intelligence de haut niveau requiert un *esprit* de haut niveau, caractérisé par la maîtrise d'un langage permettant des raisonnements complexes. Chez les humains, ce langage est verbal et articulé. Pour les machines, le langage est informatique ou, plus précisément, algorithmique (Heudin 2014a).

Conscience

En ce qui concerne la *conscience*, on distingue généralement deux formes principales. Si de très nombreux comportements d'animaux peuvent s'expliquer par des comportements réflexes du type stimuli-réponse, d'autres laissent penser que les animaux ont développé une forme de conscience. Ainsi selon William Homan Thorpe (1902-1986), certains oiseaux sont capables de reconnaître des nombres (Thorpe 1974) :

« Nous possédons des indices extrêmement convaincants qui montrent que certains animaux savent, à partir des données sensorielles, abstraire mentalement la caractéristique dite « nombre » : cette opération d'abstraction ne peut être accomplie chez l'enfant humain que par une activité cérébrale consciente. »

Ces constatations conduisent à définir deux formes de consciences : primaire et supérieure.

La *conscience primaire* mobilise essentiellement la perception et la mémoire (Edelman 1992). Elle permet à l'animal d'appréhender le présent et de se remémorer des scènes passées. Elle joint dans le temps et dans l'espace les stimuli qui surviennent en parallèle en une scène corrélée. Elle est nécessaire à l'apparition d'une conscience d'ordre supérieur.

La *conscience supérieure* naît avec l'apparition des compétences sémantiques. Elle s'épanouit avec l'acquisition du langage et des références symboliques. Les compétences linguistiques requièrent un nouveau type de mémoire pour les sons articulés. Les aires de la parole qui interviennent dans la catégorisation et dans la mémoire linguistique interagissent avec les aires conceptuelles déjà existantes du cerveau. Leur fonction consiste à relier la phonétique à la sémantique.

Figure 38. *C-3PO* en conversation avec son maître *Luke Skywalker* dans l'épisode IV, *Un nouvel espoir*. *C-3PO* est l'exemple d'un robot doté d'une intelligence artificielle « forte ». Il possède une conscience d'ordre supérieure et maitrise parfaitement le langage des hommes.

John Eccles propose d'employer pour l'expérience mentale qu'il juge la plus élevée les termes « conscience de soi » (Eccles 1994). Cette faculté implique de savoir que l'on sait, de penser que l'on pense, etc., qui sont des expériences introspectives et subjectives.

Cette *conscience de soi* est pour Théodore Dobzhansky (1900-1975) la caractéristique la plus fondamentale de l'espèce humaine (Dobzhansky 1967) :

« Elle représente une nouveauté, car les espèces dont descend l'humanité n'avaient que des rudiments de conscience de soi, ou bien même en étaient totalement dépourvues. Et pourtant, la conscience de soi apporte avec elle de sinistres compagnons : peur, anxiété, conscience de la mort. L'homme porte le fardeau de la présence de la mort. »

Sans âme

Revenons à présent aux droïdes de la guerre des étoiles. Il est aisé de montrer que l'on retrouve chez eux toutes les formes d'intelligences, d'esprits et de conscience.

Au bas de l'échelle, par exemple, les droïdes souris *MSE-6* ressemblent aux tortues électroniques de Grey Walter. Ils parcourent les coursives des vaisseaux pour assurer l'entretien, le nettoyage et apporter des messages.

En haut de l'échelle, *R2-D2* et *C-3PO* possèdent toutes les caractéristiques que nous avons énumérées, *a priori* sauf une. En effet, ils sont intelligents, ils ont un esprit et ils maîtrisent un langage, verbal pour *C-3PO*, algorithmique pour *R2-D2*, ils ont une personnalité, ils sont conscients d'eux-mêmes et des autres, etc.

En d'autres termes, nos deux amis ont une intelligence artificielle « forte », tandis que la plus grande majorité des droïdes sont caractérisés par une intelligence artificielle « faible », la différence étant essentiellement relative au niveau de leur conscience, primaire ou supérieure (Heudin 2014b).

La seule chose qui leur manque par rapport aux humains est donc, comme l'a précisé explicitement George Lucas, l'âme. Avec elle, nous quittons la rationalité et nous entrons de plein pied dans le registre culturel et surtout religieux.

L'âme est citée plus de mille fois dans la *Bible*, comme dans tous les grands textes. Dans l'*Ecclésiaste*, il est dit que si le corps retourne à la poussière, l'esprit quant à lui retourne à Dieu qui l'a donné. Le fait d'utiliser ici le terme d'esprit au lieu de l'âme pointe également la confusion qui existe à propos de ces deux notions.

Dieu a créé avec la poussière le corps humain et il lui insuffle la vie, car il est le seul capable de ce prodige. Il en résulte un corps vivant doté d'un esprit et d'une âme. À la mort, le corps retourne à la poussière et le souffle de vie, l'esprit au sens religieux, retourne à Dieu. Le sort de l'âme, quant à elle, est plus flou. Soit elle se confond avec l'esprit, auquel cas elle perdure avec lui, soit s'éteint avec la vie et disparaît avec elle.

Pour mieux comprendre, prenons la métaphore d'une ampoule électrique (Meyer 1997). Sa structure physique, le verre, les fils et la douille, représentent le corps. Lorsqu'on alimente la lampe avec un courant électrique, le fil chauffe et la lumière apparaît. L'électricité, c'est l'énergie vitale, le souffle de la vie. La lumière c'est la conséquence de ce processus, c'est l'âme vivante de l'ampoule. Si le verre est brisé, tout s'arrête. L'ampoule devient un ensemble de débris dont il faut se séparer et recycler les constituants.

Dans *Star Wars*, il n'y a pas de dieu à proprement parler mais « la force », un principe agnostique qui en possède néanmoins les caractéristiques. C'est une sorte de champ d'énergie s'appliquant à tous les êtres vivants, très probablement inspiré par le *ki* japonais (Tokitsu 2004). Essentiellement d'ordre spirituel dans la trilogie, la prélogie propose ensuite un embryon d'explication pseudo-scientifique avec l'idée d'une symbiose avec une forme de vie microscopique, les *midichloriens*, eux-mêmes inspirés par les mitochondries, ces organites présentes dans toutes les cellules vivantes (Wikipedia 2015d).

De tout cela, on peut en déduire que la véritable différence entre les humains et les droïdes est *la force*. Les premiers ont été créés par *la force*, alors que les seconds ont été fabriqués par les hommes. Rien de bien nouveau sous le soleil : juste une habile adaptation des mythes classiques sur les créatures artificielles. L'homme est l'enfant de Dieu, alors que les créatures des hommes ne peuvent accéder au souffle de vie, celui-ci étant forcément d'origine divine.

Nous pourrions nous demandez à ce stade si, pour George Lucas, les clones ont une âme dans *Star Wars*, mais nous sortirions du sujet de ce livre...

6

La colline du comique

Esclaves ridicules

Deux *Jedis* héroïques déboulent sur le pont d'un vaisseau ennemi. En l'espace de quelques secondes, les droïdes soldats présents sont désarticulés comme s'ils n'étaient que des pantins inutiles (Slate 2015). La scène est volontairement comique, les pauvres droïdes n'ayant aucune chance face à *la force*. Cela n'est pas sans rappeler les légions romaines lorsque débarquent *Astérix* et *Obélix* gavés de potion magique.

George Lucas n'aime pas les robots. En effet, dans la majorité des cas, ils sont ridicules. Ils sont essentiellement là pour faire sourire ou rire le public. Les droïdes se font massacrés par milliers dans les batailles ou bien torturés, marqués au fer rouge, dans les entrailles obscures des vaisseaux intersidéraux.

George Lucas n'est pas Isaac Asimov. Les droïdes n'ont pas de cerveau « positronique » où sont gravées les trois lois de la robotique assurant la protection des hommes et l'obéissance des robots (Heudin 2013a). Les droïdes sont des esclaves dont on efface la mémoire pour qu'ils ne deviennent pas trop intelligents et ne se révoltent pas. Ils ont certes une personnalité presque humaine, mais celle-ci n'est jamais reconnue comme telle. D'ailleurs, ils n'ont jamais de nom, seulement des identifiants alphanumériques.

Même le pauvre *C-3PO* est terrifié lorsque le père adoptif de *Luke* ordonne l'effacement de sa mémoire : « quoi ?... Oh non ! » dit-il, mais sa supplique ne sera pas entendue. Dans une autre scène, il supplie son maître *Jedi* : « Ce n'est pas ma faute, Maître. S'il vous plait, ne me désactivez pas ! »

Seul R2-D2 est plus chanceux et arrive à conserver sa mémoire tout au long de l'aventure. Dans une interview en 2005 pour la sortie de l'épisode III, *La revanche des Sith*, George Lucas soulignait qu'il était le véritable héros de l'histoire, intervenant à chaque moment crucial pour faire la différence. Pour les autres, y comprit *C-3PO*, c'est l'esclavage sans espoir de rébellion ou d'émancipation. Dans les dunes du désert de *Tatouine*, le pauvre humanoïde se lamente sur son sort « Il semble que nous ayons été créés pour souffrir. C'est notre lot dans la vie. »

Dans une interview récente, le réalisateur David Fincher déclarait (Fincher 2015) : « J'ai toujours pensé à *Star Wars* comme l'histoire de deux esclaves [*C-3PO* et *R2-D2*] qui vont de maître en maître, témoins de la folie de leurs maîtres, de la folie ultime de l'homme. »

Même pas peur

Peu intelligents, souvent ridicules, les esclaves robotiques de George Lucas ne font pas peur. Ils sont très loin des terrifiants *Terminators* de James Cameron qui cherchent à se débarrasser de l'humanité.

Pourquoi ne font-ils pas peur alors que la grande majorité des robots provoquent généralement un sentiment d'angoisse ou de malaise ?

En effet, une majorité de personnes trouvent les robots humanoïdes plutôt dérangeants, voir même pour certains terrifiants. Dans plusieurs ouvrages, nous avons insisté sur les origines culturelles et religieuses de la réticence vis-à-vis des robots en occident (Heudin 2013c). Une autre explication, complémentaire, provient d'un phénomène appelé du nom poétique de la « vallée de l'étrange ». Voyons de quoi il s'agit.

La vallée de l'étrange

Avez-vous déjà ressenti un léger malaise devant l'un des personnages de cire au Musée Grévin ? Ou bien une gêne étrange en croisant une personne au visage déformé par une chirurgie « esthétique » à répétition ? Ou bien encore à la vue du corps d'une personne décédée que vous avez eu du mal à reconnaître ?

Cette impression bizarre, vous l'avez certainement aussi déjà éprouvée en regardant un film d'animation où les personnages ont été réalisés en images de synthèse avec la volonté de mimer les humains de la façon la plus réaliste possible.

Peut-être avez-vous eu la chair de poule en découvrant les robots androïdes du professeur Hiroshi Ishiguro (Ishiguro 2007) qui, de loin, ressemblent à s'y méprendre à leur modèle en chair et en os mais qui, de près, évoquent plus la mort que la vie ?

Si vous avez déjà ressenti l'un de ces symptômes,

alors vous vous êtes promené sans le savoir dans la vallée de l'étrange…

Figure 39. Les robots *Actroïds* du professeur Hiroshi Ishiguro à l'Université d'Osaka sont conçus pour ressembler comme un clone à leur modèle humain.

L'effet de la vallée de l'étrange, appelée parfois également « la vallée dérangeante », est une réaction psychologique devant les créatures artificielles androïdes. Son existence a été proposée par le roboticien japonais Masahiro Mori en 1970 (Mori 1970).

La vision classique est que plus nous créons des robots qui nous ressemblent et plus ils sont facilement acceptés. Mais, pour qu'ils nous ressemblent vraiment, il faut leur donner une apparence et des comportements pratiquement identiques aux nôtres. Par conséquent, plus on ajoute de détails humains à un androïde, plus on se rapproche de l'humain et plus l'empathie doit augmenter.

Ce raisonnement parait à première vue tout à fait correct, car il correspond à un grand nombre de relations que nous entretenons avec les phénomènes qui nous entourent. Ainsi, lorsque l'on conduit une voiture et que l'on accélère, la vitesse augmente graduellement à mesure que l'on exerce de la pression sur la pédale d'accélérateur. Si nous représentions la courbe de la vitesse en fonction de notre action sur la pédale, nous verrions une ligne qui part de zéro et monte de façon continue jusqu'à la vitesse maximum de la voiture. Ce type de comportement simple nous parait tout à fait normal et si la relation devient plus compliquée, alors nous en sommes généralement contrariés. Pourtant, dans les faits, la grande majorité des phénomènes naturels n'obéit pas à ce type de relation simple. Si par exemple vous décidez de gravir le flanc d'une montagne, vous devrez certainement à plusieurs reprises descendre au lieu de monter, car le franchissement des collines et des vallées avant d'atteindre le sommet convoité vous contraindra à le faire. L'ascension d'une montagne est un exemple où l'altitude ne croît pas nécessairement toujours à mesure que la distance qui vous sépare du sommet diminue.

C'est la même chose avec l'empathie envers les robots et leur ressemblance avec les humains. Plus on essaye de les rendre similaires à un être humain, plus leurs imperfections nous paraissent monstrueuses. Ainsi, de nombreuses personnes trouvent un robot à l'aspect totalement artificiel *a priori* plus rassurant qu'un robot doté d'une peau synthétique et de vêtements.

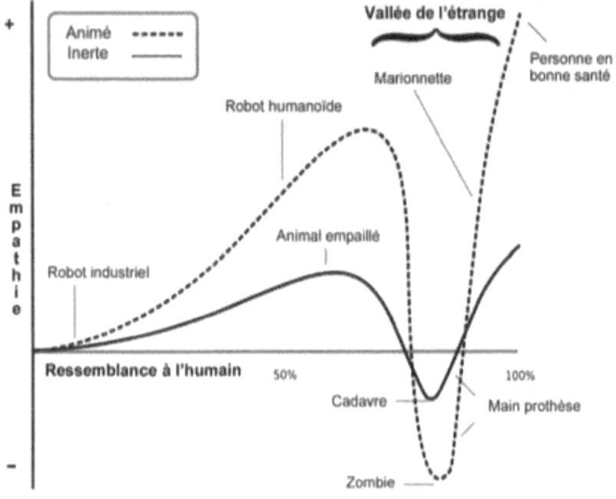

Figure 40. Le phénomène de la vallée de l'étrange montre que lorsque l'on essaye de trop faire ressembler un robot à un être vivant organique, plus on provoque potentiellement un réflexe de rejet.

Dessinons un graphe où l'axe vertical représente l'empathie et l'axe horizontal indique la ressemblance avec l'humain, puis plaçons sur ce graphe un ensemble d'humanoïdes artificiels et naturels : un robot industriel, un mannequin de vitrine, le robot Nao, le monstre de Frankenstein, un zombie, un cadavre humain, une marionnette, etc. En reliant entre eux les différents personnages, on obtient une courbe qui commence à croître régulièrement puis qui, d'un seul coup s'effondre avant de remonter tout aussi brusquement. C'est ce trou dans la progression de l'empathie qui constitue la « vallée de l'étrange ». On y trouve tous les monstres et sur ses flancs des créatures « ratées » qui semblent hésiter entre l'artificiel et le naturel. Passée la vallée de l'étrange, l'empathie semble de nouveau croître pour atteindre son plus haut niveau de familiarité avec l'humain.

Il y a plusieurs explications qui ont été avancées pour ce phénomène. En premier lieu, lorsqu'une créature est suffisamment éloignée de l'humain pour être immédiatement identifiée comme artificielle, nous aurions tendance à remarquer les aspects qui la rapprochent de l'humain sans pour autant ressentir une menace. Mais si la créature a une apparence presque totalement humaine au point de provoquer la confusion, nous percevons d'intimes détails non-humains qui vont nous sembler anormaux et notre cerveau les interprète alors comme une menace potentielle.

Une autre explication possible est que ces anomalies provoquent une sensation proche de celle que l'on peut ressentir au contact d'une personne gravement malade ou d'un cadavre, un malaise profond lié à la mort. Enfin, une dernière explication est qu'elles susciteraient un rejet lié à l'absence de normes ou de règles sociales inconsciemment applicables (Axelbrad 2012).

Selon Masahiro Mori, au delà d'un certain niveau de perfection dans l'imitation, les robots humanoïdes retrouveraient une plus grande acceptation. Sera-t-il possible dans le futur de créer de tels robots, c'est-à-dire des créatures artificielles qui soient si proches des êtres humains que l'on ne puisse plus faire la différence ?

Nous avons récemment avancé l'hypothèse que cet objectif est hors de notre portée, même à moyen-long terme, du fait d'une barrière de complexité. Les êtres vivants sont des systèmes organiques si complexes, qu'un infime détail dans une « copie artificielle » peut potentiellement rompre la cohérence de l'ensemble (Heudin 2011). Cette barrière est due à notre niveau de compréhension des phénomènes complexes et à la nature même de nos technologies qui ne sont pas (encore) aptes à permettre l'élaboration de systèmes ayant le même ordre de grandeur de complexité.

Pacte fictionnel

À l'Université de Californie de San Diego, une équipe de chercheurs a étudié le phénomène de la vallée de l'étrange en observant vingt sujets âgés de vingt à trente-six ans qui n'avaient aucune expérience des robots (Brown 2011). Au cours de l'expérience, trois vidéos ont été présentées aux participants pendant que leur cerveau était soumis à une IRM fonctionnelle (Imagerie par Résonance Magnétique). La première montrait de vrais humains, la deuxième un robot à l'apparence mécanique et la troisième, un androïde ressemblant à un humain mais avec un mouvement mécanique identique. La réponse du cerveau la plus nette s'est produite dans le dernier cas, celui où le cerveau n'arriverait pas à faire le lien entre l'apparence robotique et les mouvements naturels des humains.

Cette expérience tendrait à montrer que ce n'est pas seulement l'aspect de la créature qui compte, mais aussi la cohérence entre son apparence et ses comportements. En d'autres termes, si la créature ressemble à un être humain et se comporte comme tel, notre cerveau est satisfait. Si la créature ressemble à un robot et agit comme un robot, notre cerveau est tout aussi satisfait. Mais si l'aspect de la créature n'est pas en harmonie avec ses comportements, alors le cerveau semble désorienté et envoie alors des signaux d'alerte.

Cette explication est à rapprocher de l'expérience des créateurs de dessins animés pour élaborer des personnages crédibles. Ainsi le célèbre *Mickey Mouse* n'est pas un personnage réaliste, mais le spectateur accepte néanmoins d'oublier la simplicité de ses formes et de ses comportements. Il suit les aventures de la souris la plus célèbre du monde sans se poser de questions métaphysiques sur le réalisme de son existence (Thomas 1981).

Ce principe est appelé le « pacte fictionnel » en littérature : c'est le pacte tacite entre l'auteur et le lecteur qui n'interprétera pas le texte comme un énoncé de la réalité. On utilise parfois une autre expression : la suspension consentie de l'incrédulité (willing suspension of disbelief) ou trêve de l'incrédulité. Ce phénomène, sans lequel il n'y aurait pas de fiction possible, est l'opération mentale qu'effectue le spectateur d'une œuvre de fiction qui accepte tacitement, le temps de la consultation de l'œuvre, de mettre de côté son scepticisme. C'est Samuel Taylor Coleridge (1772-1834), écrivain, critique et poète britannique qui le premier introduisit cette notion dans ces termes (Coleridge 1817) :

« […] il fut convenu que je concentrerais mes efforts sur des personnages surnaturels, ou au moins romantiques, afin de faire naître en chacun de nous un intérêt humain et un semblant de vérité suffisants pour accorder, pour un moment, à ces fruits de l'imagination cette « suspension consentie de l'incrédulité », qui constitue la foi poétique. »

En littérature ainsi que dans d'autres formes de fictions comme le théâtre, le cinéma ou le jeu vidéo, il s'agit donc d'une expérience de simulation cognitive où le spectateur-acteur « vie » dans le monde inventé tant que dure le pacte. Celui-ci est rompu soit à la fin de l'œuvre, soit parce que sa réalisation comprend des stimuli qui vont attirer son attention et accroître soudainement son incrédulité.

Ainsi, dans la relation entre un humain et un robot humanoïde, le même type de pacte est certainement nécessaire. Comme le montrent de très nombreux personnages de fiction, ce serait donc leur cohérence plutôt que leur complexité qui représenterait la donnée essentielle.

On pourrait penser, *a priori*, qu'il soit assez facile à mettre en œuvre un tel pacte car, naturellement, l'homme a tendance à traiter tout ce qui l'entoure comme s'il s'agissait de l'humain. Ainsi l'enfant parle à son nounours. Mais même plus grand, il est encore capable d'invectiver sa voiture, ou de parler avec émotions à un animal de compagnie, son ordinateur, etc.

Byron Reeves et Clifford Nass ont montré au travers de plusieurs études psychologiques que ce type de comportements provenait de l'évolution de notre espèce, en particulier sur le plan social. Leur théorie établit que nous interagissons naturellement de manière anthropomorphique que se soit avec un média, un ordinateur ou toute nouvelle technologie (Reeves 2003). Ils ont dégagé ainsi huit points importants :

- Tout le monde réagit socialement aux médias.
- Les médias sont plus similaires que différents.
- Les réactions sont automatiques sans effort

conscient.
- Quelque soit le type de média, on lui assigne une personnalité.
- Ce qui semble vrai est plus important que ce qui est vrai.
- On répond à ce qui est présent.
- Les gens aiment la simplicité.
- Les gens savent déjà comment réagir dans le monde social.

En résumé, les hommes établissent naturellement une interaction sociale avec ce qui les entoure et plus encore avec les robots humanoïdes qui encouragent cet anthropomorphisme. Le problème intervient lorsque celle-ci se trouve contrarié par un manque de cohérence dans leurs comportements.

Pour élaborer des robots qui soient facilement acceptés par les humains, il semble au final qu'il faille respecter trois règles essentielles :

La première règle consiste à créer des robots dont l'aspect revendique leur nature artificielle. Le robot ne doit plus être considéré comme un simulacre de l'humain mais comme une créature artificielle parfaitement identifiable.

La seconde règle consiste à choisir des formes générales, des couleurs, des comportements qui favorisent l'empathie. Ainsi, le rouge et le noir sont par nature des couleurs plutôt inquiétantes alors que le blanc et le bleu sont plutôt rassurants.

La troisième règle consiste à obtenir une harmonie entre la morphologie du robot et ses comportements. Si le robot a une forme simple, ses comportements doivent l'être également. Si le robot a une forme humanoïde, ses comportements doivent se rapprocher de ce que l'on attend d'un humain sans pour autant devenir trop complexes. En particulier, il convient d'encourager notre tendance naturelle à l'anthropomorphisme en basant ses comportements sur nos conventions d'interactions sociales entre humains.

Élaborer des robots de plus en plus ressemblants à des êtres humains ne semble donc finalement pas être une si bonne solution pour les rendre plus sympathiques. Au bout du compte, la simplicité et la cohérence semblent prévaloir sur la complexité et la ressemblance excessive, sources d'incrédulité.

De ce point de vue, les droïdes de *Star Wars* sont une réussite indéniable. *R2-D2* et *C-3PO* représentent des exemples parfaits de l'application des trois règles que nous venons de décrire. *R2-D2* est un petit robot aux formes simples et rondes, aux couleurs claires, certes très intelligent mais dévoué à ses maîtres quitte à se mettre lui-même en danger. Bien que sa morphologie humanoïde soit inspirée par la créature maudite *Futura* de *Metropolis*, *C-3PO*, avec son air de grand benêt toujours surpris, inspire la sympathie.

Mais George Lucas va plus loin. Comme nous l'avons souligné, les droïdes sont souvent présentés dans des situations comiques. C'est comme s'il avait volontairement substitué la « vallée de l'étrange », celle des monstres et des morts-vivants, par une « colline du comique ». Au lieu d'inspirer de la crainte, les robots de la guerre des étoiles font sourire.

Esclaves réalistes

Toutefois, les droïdes de *Star Wars* semblent bien plus crédibles que ceux des blockbusters post-apocalyptiques où des robots menaçants et autres cyborgs monstrueux ne cherchent qu'à remplacer leurs maîtres et les exterminer.

Figure 41. Le couple formé par les deux droïdes vedettes de *Star Wars* est à rapprocher de la longue série des duos comiques au cinéma. Cette approche contribue à rendre les robots de la saga sympathiques et attachants.

Avec un scénario écrit avant la popularisation des thèmes « cyberpunk » et de la révolte des machines, la saga *Star Wars* est restée avec une représentation des robots fidèle aux fictions des années cinquante et aux premiers robots conçus dans les laboratoires. En effet, ceux-ci étaient peu intelligents, avec des mouvements gauches, ils se déplaçaient lentement en faisant trembler tout leur appareillage embarqué. Ainsi, l'un des premiers robots mobiles développé à l'université de Stanford, fut nommé « Shakey » (shake signifiant trembler) du fait de ses tremblements lors de ses déplacements.

Même à présent, lorsqu'*ASIMO*, le robot humanoïde le plus avancé en termes de marche bipède, se déplace lors d'une séance de démonstration, une équipe d'ingénieurs est toujours prête à intervenir au cas où le petit robot prodigue s'étalerait de tout son long, comme c'est déjà arrivé à de multiples reprises (Honda 2015b).

Finalement, même si l'on peut être gêné par le manque d'éthique à propos de créatures *a priori* dotées d'une conscience, les robots de *Star Wars* donnent à voir une image plus sympathique de la robotique et, d'un certain point de vue plus crédible que les monstres mécatroniques des autres sagas de science-fiction.

Lexique

Algorithmique

Adjectif provenant du terme « algorithme ». Un algorithme correspond à la structure abstraite d'un programme informatique, indépendamment du langage dans lequel il est exprimé. C'est son aspect formel, mathématique en quelque sorte.

Androïde

Un androïde est une créature artificielle à forme humaine.

Animatronics

L'animatronique (en français) est l'ensemble des techniques permettant la création d'automates animés ou de robots mimant des créatures artificielles, naturelles ou mythiques, pour les besoins du cinéma et des parcs d'attraction.

Astromech

Ce terme anglais qualifie un droïde astronaute copilote et mécanicien. Le terme parfois utilisé en français est « astromécano ».

Automate

Un automate est une machine capable d'effectuer de manière autonome une succession de tâches ou de mouvements de façon répétitive.

Autonome

Un système autonome est un dispositif qui se suffit à lui-même. Il n'a en particulier pas besoin d'un opérateur humain pour effectuer les tâches pour lesquelles il a été conçu.

Avatar

Un avatar est un dispositif permettant à une entité d'être présent dans un environnement distant, virtuel ou réel.

Clone

Un clone est la reproduction à l'identique d'une entité organique à partir de son patrimoine génétique.

Cybernétique

La cybernétique est un domaine scientifique proposé en 1947 par le mathématicien américain Norbert Weiner pour étudier d'une manière unifiée les domaines naissants de l'automatique, de l'électronique et de la théorie de l'information.

Cyberpunk

La contraction des termes « cybernétique » et « punk ». C'est un genre de la science-fiction né dans les années 1970 qui met en scène des thématiques des hackers, du cyberspace, de l'intelligence artificielle, des multinationales, etc., dans une vision pessimiste d'un futur proche souvent post-apocalyptique.

Cyborg

Un cyborg est une entité hybride mi-organique mi-machinique.

Degré de liberté

Un degré de liberté est la possibilité pour un dispositif de se mouvoir dans une direction de l'espace.

Droïde

Un droïde est un synonyme de « robot » dans l'univers *Star Wars*.

Empathie

L'empathie est la capacité de comprendre ou d'éprouver ce que ressent un autre être. Ce phénomène est souvent résumé par « se mettre à la place de l'autre ».

Épistémologie

L'épistémologie est un domaine de la philosophie des sciences qui étudie de façon critique la méthode scientifique, les concepts, les théories, les principes, les modes de raisonnement, etc., utilisés en sciences.

Fantasy

La « fantasy » est un genre de littérature imaginaire ou le surnaturel et la magie sont acceptés.

Hard science-fiction

La « hard » science-fiction est un sous-genre de la science-fiction caractérisée par le fait qu'elle respecte les connaissances et les lois physiques connues.

Holographique

Un dispositif holographique permet de représenter des images fixes ou animées en trois dimensions comme si elles étaient présentes devant l'observateur.

Holonome

Une roue holonome est un mécanisme constitué d'un moyen disposant d'un chapelet de galets répartis sur sa périphérie.

Humanoïde

Un humanoïde est une créature artificielle, naturelle ou imaginaire ayant une morphologie similaire à celle de l'homme.

Hyperpropulsion

L'hyperpropulsion est un système permettant à un vaisseau de dépasser la vitesse de la lumière.

Insectoïde

Un insectoïde est une créature artificielle, naturelle ou imaginaire ayant une morphologie similaire à celle d'un insecte.

Intelligence artificielle

L'intelligence artificielle est un domaine de la recherche visant à créer des systèmes artificiels intelligents. Les dispositifs résultant de ces développements sont souvent appelés des intelligences artificielles ou IA.

Linguistique

La linguistique est une discipline scientifique qui s'intéresse aux langages. Ce n'est pas la grammaire qui est prescriptive mais descriptive.

Matte painting

Le « matte painting » est un procédé cinématographique qui consiste à peindre un décor en y laissant des espaces vides, dans lesquels une ou plusieurs scènes filmées sont incorporées.

Mécatronique

Un dispositif mécatronique est constitué d'éléments mécaniques et électroniques.

Mitochondrie

Les mitochondries sont des organites présents dans la plupart des cellules vivantes où elles sont responsables de la production d'énergie sous la forme de molécules ATP utilisées dans un très grand nombre de réactions chimiques du métabolisme cellulaire.

Mythologie

Une mythologie est l'ensemble des récits faisant intervenir des figures divines ou monstrueuses dans une civilisation traditionnelle ou ancienne.

Neuromimétique

Un dispositif « neuromimétique » est un système artificiel qui s'inspire des réseaux de neurones organiques pour reproduire certains comportements intelligents comme la reconnaissance de forme ou l'apprentissage.

Positronique

Ce terme a été utilisé par Isaac Asimov pour décrire le cerveau artificiel des robots. Il provient de « positron » qui est l'antiparticule de l'électron en physique nucléaire.

Prélogie

La « prélogie » est un terme employé dans l'univers Star Wars pour nommer la trilogie des épisodes I, II, et III, ceux-ci ayant été réalisés après la trilogie des épisodes IV, V et VI.

Radio-isotope

Les éléments radio-isotopes sont des atomes dont le noyau est instable et donc émettant de la radioactivité.

Robot

Un robot est un dispositif mécatronique, autonome ou supervisé, capable d'adapter son comportement dans un environnement changeant pour effectuer un ensemble de tâches.

Rover

Un rover est un terme utilisé en astronautique pour désigner un véhicule plus ou moins autonome conçu pour explorer une planète ou un corps céleste.

Saga

Une saga est un terme d'origine islandais couramment employé pour désigner un cycle romanesque en plusieurs volets ou des œuvres à caractère épique.

Sémantique

La sémantique est une branche de la liguistique qui étudie le sens des mots ou des expressions.

Space-fantasy

Le space-fantasy est un sous-genre de la science-fiction alliant les thèmes du space-opera avec ceux du fantasy, c'est-à-dire la possibilité du surnaturel et de la magie.

Space-opera

Le space-opera est un sous-genre de la science-fiction mettant en scène de grandes aventures de conquête, d'exploration, de batailles se situant dans l'espace.

Spin-off

Dans le domaine cinématographique ou des séries, il s'agit d'une œuvre dérivée se déroulant avec les mêmes personnages mais dans contexte différent.

Super-ordinateur

Un super-ordinateur est un ordinateur conçu pour obtenir une très grande puissance de calcul. Les super-ordinateurs sont généralement constitués d'un nombre important de processeurs fonctionnant en parallèle.

Symbolique

L'approche symbolique de l'IA correspond à la manipulation de listes ou d'arbres de symboles afin de représenter les connaissances sous la forme de structures de données complexes.

Test de Turing

Le test de Turing est une expérience proposée par le mathématicien anglais Alan Turin au début des années 1950. Il s'agit pour un expérimentateur de converser avec un ordinateur et un humain sans les voir par l'intermédiaire d'un clavier. Si l'expérimentateur ne peut faire la différence, alors Turing en déduit que l'ordinateur est équivalent à un être humain du point de vue de l'intelligence.

Trilogie

Une trilogie est une œuvre littéraire, cinématographique, etc., découpée en trois grandes parties.

Références

Aldebaran, 2015. http://projetromeo.com

Axelrad, B., 2012. La vallée de l'étrange ou l'inquiétante
étrangeté, *SPS*, n.299.

Baum, L.F., 2009. *Le magicien d'Oz*, Folio Junior, Paris.

Bonnell, B., 2010. *Viva la Robolution ! – Une nouvelle étape
pour l'humanité*, Lattès, Paris.

Brooks, R.A., Flynn, M.A., 1989. Fast, cheap and out of
control : robot invasion of the solar system, *Journal of
the Interplanetary Society*, vol. 42, n. 10, p. 478-485.

Brown, M., 2011. *Exploring the uncanny valley of how brains
react to humanoids*, http://wired.co.uk

Buendia, A., 2003. *Une architecture pour la conception de
modèles décisionnels : application aux créatures virtuelles dans
les jeux vidéos*, Thèse de l'Université Paris 11, Orsay.

Chris, 2015. http://www.artoo-detoo.net

Clynes, M.E., Kline, N.S., 1960. Cyborg and Space,
Astronautics, n.9.

Coleridge, S.T., 1817. *Biographia Literaria*, Chapter XIV.

Dobzhansky, T., 1967. *The biology of ultimate concern*, The New American Library, New York.

Eccles, J.C., 1994. *L'évolution du cerveau et création de la conscience*, Flammarion, Paris, p. 270-273.

Edelman, G., 1992. *Biologie de la conscience*, Odile Jacob, Paris, p.193-202.

Eun-Sook, J., *et. al*, 2010, Sound design for emotion and intention expression of socially interactive robots, *Intelligent Service Robotics*, vol. 3, Issue 3, p. 199-206.

Fincher, 2015.
http://www.hitfix.com/motion-captured/david-fincher-calls-r2-d2-and-c-3po-slaves-and-explains-why-hes-not-making-episode-vii

Guardbot, 2015. http://www.guardbot.org

Hearn, M., 2005. *Le cinéma de George Lucas*, La Martinière, Paris.

Heudin, J.-C., 2008. *Les créatures artificielles – Des automates aux mondes virtuels*, Odile Jacob, Paris, p. 68-71.

Heudin, J.-C., 2009 (a). *Robots & Avatars – Le rêve de Pygmalion*, Odile Jacob, Paris.

Heudin, J.-C., 2009 (b). *Ibid.*, p. 74-87.

Heudin, J.-C., 2009 (c). *Ibid.*, p. 88-101.

Heudin, J.-C., 2009 (d). *Ibid.*, p. 116-129.

Heudin, J.-C., 2009 (e). *Ibid.*, p. 46-59.

Heudin, J.-C., 2011. *The Uncanny Valley and Complex Systems*, http://jcheudin.blogspot.fr/2011/04

Heudin, J.-C., 2013 (a). *Les 3 lois de la robotique – Faut-il avoir peur des robots ?*, Science eBook, Paris.

Heudin, J.-C., 2013 (b). *Ibid.*, p. 109-119.

Heudin, J.-C., 2013 (c). *Ibid.*, p. 23-33.

Heudin, J.-C., 2014 (a). *Immortalité numérique – Intelligence artificielle et transcendance*, Science eBook, Paris.

Heudin, J.-C., 2014 (b). *Ibid.*, Chapitre 28.

Honda, 2015 (a). http://asimo.honda.com

Honda, 2015 (b).
http://www.youtube.com/watch?v=ASoCJTYgYB0

Ishiguro, H., 2007. Scientific Issues Concerning Androids, *International Journal of Robotics Research*, vol. 26, p. 105-117.

McQuarrie, 2009.
http://awdsgn.com/classes/fall09/webI/student/tr ad_mw/mcnamara/rmq/pages/interview.html

Meyer, R., 1997. *Le retour à la vie*, Dammariès-Lys, Paris.

Mori, M., 1970. The Uncanny Valley, *Energy*, vol. 7, n. 4, p. 33-35.

Nasa, 2015.
http://www.nasa.gov/missions/earth/f_tumblewee
d.html

Navy, 2015. http://www.dailymail.co.uk/news/article-
2217593/U-S-Navy-builds-robot-modelled-Star-
Wars-character-C-3PO-fight-fires-board-
warships.html

Sanchez, C., Gelardo, E., 2015.
http://www.howbb8works.com

Slate, 2015.
http://www.slate.com/articles/arts/culturebox/201
3/06/droids_in_star_wars_the_plight_of_the_robot
ic_underclass.htm

Siejka, M., 2015. *Star Wars – Le mythe universel*, Science
eBook, Paris.

Spheres, 2015. http://ssl.mit.edu/spheres

Sphero, 2015. http://www.sphero.com

Reeves, B., Nass, C., 2003. *The Media Equation : How
People Treat Computers, Television, and New Media Like
Real People and Places*, Center for the Study of
Language and Information Lecture Notes.

Palmerini, E., *et. al*, 2014. *Robolaw, Guidelines on Regulating
Robotics*, http://www.robolaw.eu

Thomas, F., Johnston, O., 1981. *The illusion of life : Disney
Animation*, Walt Disney Productions.

Thorpe, W.H., 1974. *Animal Nature and Human Nature*, Methuen, London, p. 299.

Tokitsu, K., 2004. La recherche du KI dans le combat, DèsIris, Méolans-Revel.

Turing, A., 1950. Computing Machinery and Intelligence, *Mind*, 236, p.433-460.

Ubreakifix, 2015. http://www.youtube.com/watch?v=iAtXdhUT3IM

Walter, W.G., 1950. An imitation of life, *Scientific American*, vol. 185, n. 2, p. 62-63.

Wiener, N., 2014. *La cybernétique : Information et régulation dans le vivant et la machine*, Le Seuil, Paris.

Wikia, 2015. http://starwars.wikia.com/Droid

Wikipedia, 2015 (a). https://fr.wikipedia.org/wiki/R2-D2

Wikipedia, 2015 (b). http://en.wikipedia.org/wiki/STM32

Wikipedia, 2015 (c). http://en.wikipedia.org/wiki/The_Prisoner

Wikipedia, 2015 (d). http://fr.wikipedia.org/wiki/Mitochondrie

Table des illustrations

Fig. 1 : *R2-D2* © & ™ Lucasfilm.

Fig. 2 : Robot dans *Silent Running* © Universal Pictures.

Fig. 3 : Croquis McQuarrie © & ™ Lucasfilm.

Fig. 4 : Croquis McQuarrie © & ™ Lucasfilm.

Fig. 5 : *R2-D2* © & ™ Lucasfilm.

Fig. 6 : *The Beast* © Johns Hopkins University.

Fig. 7 : *SPHERES* © NASA.

Fig. 8 : *Curiosity* © NASA.

Fig. 9 : *C-3PO* © & ™ Lucasfilm.

Fig. 10 : Croquis McQuarrie © & ™ Lucasfilm.

Fig. 11 : *Futura Metropolis / C-3PO* © & ™ Lucasfilm.

Fig. 12 : *Thin-Man, The Wizard of Oz* © Warner Bross.

Fig. 13 : *C-3PO* © & ™ Lucasfilm.

Fig. 14 : *Robby, Forbidden Planet* © Metro Goldwin Mayer.

Fig. 15 : *Elektro & Sparko,* © The Mansfield Memorial Museum.

Fig. 16 : Radio-Craft (American electronics magazine) Août 1939.

Fig. 17 : *Asimo* © Honda Motors.

Fig. 18 : Walking robots © Honda Motors.

Fig. 19 : *Romeo* © Aldebaran Robotics.

Fig. 20 : *BB-8* © & ™ Lucasfilm.

Fig. 21 : Croquis J.J. Abrams © & ™ Lucasfilm.

Du même auteur :

Robot Erectus (2012)

Les 3 lois de la robotique (2013)

Immortalité numérique (2014)

Retrouvez l'auteur sur :

www.facebook.com/jcheudin

twitter.com/jcheudin

jcheudin.blogspot.com

www.science-ebook.com

© Science-eBook, Novembre 2015
http://www.science-ebook.com
ISBN 979-10-91245-64-7
Printed by CreateSpace